Bildinterpretation in der Hochauflösungs-Elektronenmikroskopie

BEITRÄGE ZUR FORSCHUNGSTECHNOLOGIE

Schriftenreihe für Experimetalmethodik, Systemanalyse und Instrumentierung in der naturwissenschaftlichen, medizinischen und technischen Forschung

Begründet von Günther Lotz †

Herausgegeben vom 1. Vizepräsidenten der Akademie der Wissenschaften der DDR Ulrich Hofmann

BAND 11

Reinald Hillebrand · Kurt Scheerschmidt
Wolfgang Neumann · Peter Werner · Armin Pippel

Bildinterpretation in der Hochauflösungs-Elektronenmikroskopie

Numerische und optische Verfahren zur Interpretation elektronenmikroskopischer Hochauflösungsabbildungen kristalliner Objekte

Mit 53 Abbildungen,
davon 35 auf 22 Kunstdrucktafeln

AKADEMIE-VERLAG · BERLIN 1984

Autoren:

Dipl.-Phys. Reinald Hillebrand
Dr. Kurt Scheerschmidt
Dr. Wolfgang Neumann
Dipl.-Phys. Peter Werner
Dipl.-Phys. Armin Pippel
Institut für Festkörperphysik und Elektronenmikroskopie der
Akademie der Wissenschaften der DDR
4020 Halle/Saale
Weinberg 2

Manuskriptschluß: Mai 1984

ISSN 0323-5130

Erschienen im Akademie-Verlag, DDR-1086 Berlin, Leipziger Straße 3—4

Lizenznummer: 202 · 100/496/85
Printed in the German Democratic Republic
Gesamtherstellung: VEB Druckerei „Thomas Müntzer", 5820 Bad Langensalza
Einbandgestaltung: Karl Salzbrunn
LSV 1175
Bestellnummer: 763 432 6 (2167/11)

02200

Zum Geleit

Am 15. November 1984 vollendet Professor Dr. HEINZ BETHGE das 65. Lebensjahr.

In mehr als 30 Jahren haben er, seine Kollegen und Mitarbeiter am Buch der Elektronenmikroskopie nachhaltig mitgeschrieben. Jede tragfähige Arbeitsrichtung war und ist vertreten: Geräteentwicklungen zur Elektronenbeugung, zur konventionellen Elektronenmikroskopie oder zu diversen Varianten der Photoemissions-Elektronenmikroskopie bis hin zum Einsatz unter Ultra-Hochvakuumbedingungen waren stets originelle und anregende reife Leistungen des Physikers und Konstrukteurs. Die variantenreiche Kultivierung der BASSETTschen Oberflächen-Dekorationstechnik und deren Anwendung auf eine Fülle grundlegender Probleme der Versetzungs- und Bruchphysik, der Festkörperoberfläche sowie des Kristallwachstums bis hin zu atomaren Dimensionen haben oft und nachhaltig für erhebliche Diskussionen beim international interessierten Publikum gesorgt. Hier zeigte sich der ideenreiche, versierte Experimentator auf der Suche nach schlüssigen Antworten auf wohlüberlegte Fragen an die Natur.

In dem Maße, wie sich das von Professor HEINZ BETHGE begründete „Institut für Festkörperphysik und Elektronenmikroskopie" (IFE) der Akademie der Wissenschaften der DDR in Halle entwickelte, konnten faktisch alle Gerätevarianten und Methoden der Elektronenmikroskopie zunehmend auf das weite Feld der Festkörperphysik – angesiedelt etwa zwischen der Kristallplastizität und der Halbleiterphysik – und auch darüber hinaus angewendet werden. Das Geschehen an der Front der einschlägigen Physik gab dafür stets die Orientierung.

Seit Jahren geben sich Wissenschaftler aus aller Welt im Hallenser Zentrum der Akademien der sozialistischen Länder für Elektronenmikroskopie die Klinke in die Hand, tragen ihre Erfahrungen dort ein und nehmen Anregungen für die eigene Arbeit mit. Dieses Geben und Nehmen bereichert den Fundus des Institutes, wirkt ein auf die Gestaltung der unerläßlichen persönlich-menschlichen Beziehungen und fördert die internationale Ausstrahlung dieser bemerkenswerten Forschungsstätte. Und es gibt kaum eine internationale Konferenz über Elektronenmikroskopie, auf der Professor BETHGES Institut nicht mit beachteten Beiträgen vertreten wäre. Seinem unermüdlichen Wirken hat die Elektronenmikroskopie – die Geräteentwicklung wie die weitgefächerte Anwendung dieses Instrumentariums – bedeutende Fortschritte zu verdanken.

Dieser Band – gestaltet von Mitarbeitern des IFE Halle – handelt von numerischen und optischen Verfahren zur Interpretation elektronenmikroskopischer Hochauflösungsabbildungen kristalliner Objekte. Auch hier ist das ständige Bestreben zu verzeichnen, mit verfügbaren Mitteln und Methoden tiefer in atomare bzw. molekulare Dimensionen, also an die Grenzen des jeweils Erkennbaren vorzustoßen.

Das Arbeitsfeld der Hochauflösungs-Elektronenmikroskopie ist seinem Wesen nach komplex, umfangreich und diffizil. Die Fehlerquellen des Abbildungssystems müssen minimal, mit anderen Worten die elektronenoptische Übertragung der Objektinformation in das Bild muß optimal sein. Es werden also hohe Anforderungen an das Abbildungssystem, dessen Fehlerkorrekturen und die Qualität der Justierung sowie an das Untersuchungsobjekt und den Beobachter gestellt. Die Hochauflösung (0,2 bis 0,3 nm) erfordert ferner die Computersimulation des erwarteten Bildes, mithin die Optimierung der am Gerät einzustellenden Parameter, wenn die Abbildungsqualität hinreichend und die Interpretation sicher sein soll: Die Resultate sind dann umfassende Aussagen zur Kristallstruktur, zur Atomistik der Gitterbaufehler und zum Elementnachweis in Bereichen extrem geringer Ausdehnung. So erweist sich die Hochauflösungs-Elektronenmikroskopie im Blick auf ihre Gegebenheiten und Anforderungen als ein variantenreiches und informationsträchtiges Unternehmen hoher Empfindlichkeit im atomaren Grenzbereich.

Angesichts der methodischen Vielfalt der Hochauflösungs-Elektronenmikroskopie sowie der sich gegenseitig stützenden Aussagen, deren „potenzierter Verläßlichkeit", ist es gerechtfertigt, diese elektronenoptische Methode im Sinne angewandter Forschungstechnologie in den „Beiträgen zur Forschungstechnologie" ausführlicher zu behandeln. Auf alle Fälle ordnet sich auch diese spezielle Arbeitsrichtung in das generelle Bestreben ein, den Forschungsbetrieb, die Laborpraxis, das Gerätetechnische Arsenal und die diversen methodischen Möglichkeiten insgesamt zu gesteigerter Effizienz zu führen. Die Wiederholbarkeit, also die Routine bestimmter Arbeitsgänge (etwa die Optimierung der Justage und der Betriebsdaten des Mikroskopes oder die Bildauswertung), ist hier verknüpft mit Vorstößen in unerforschte Gebiete. Letzteres erfordert stets Neuorientierungen, die insoweit auf die Routine zurückwirken, als sie geänderte Einstellungen der Parameter erfordern, an der geläufigen Handhabung aber kaum etwas ändern.
In solchen Begriffen wie Methodenvielfalt, Wiederholbarkeit oder Effizienz der Forschung äußert sich deutlich der auch hier gegebene forschungstechnologische Bezug.

Die Herausgeber haben Professor Dr. J. HEYDENREICH, dem Initiator dieser Arbeitsrichtung am IFE, für die verständnisvolle und einfühlsame Kooperation und den Autoren dafür, daß sie den harten Terminanforderungen aufopferungsvoll gefolgt sind, sehr herzlich zu danken.

Die Herausgeber freuen sich, Professor BETHGE diesen Band zu seinem Jubiläum zueignen zu können. Der Tabaksqualm, göttlicher Odem des Pan, holder Beschwinger der Träume, sei ihm weiterhin zu Diensten bei Meditationen über die Elektronenmikroskopie in der Festkörperphysik.

Die Herausgeber

Vorwort

Nahezu alle Gebiete der naturwissenschaftlichen, technischen und medizinischen Forschung sind durch die Elektronenmikroskopie dadurch gefördert worden, daß wesentliche Zusammenhänge zwischen der submikroskopischen Struktur und den Eigenschaften bzw. der Funktionsweise der untersuchten anorganischen bzw. organischen Festkörper aufgefunden werden konnten. Mit dem durch Kenntnis dieser Zusammenhänge gegebenen tieferen Verständnis werden die Voraussetzungen für eine gezielte Beeinflussung sowohl physikalisch-technischer wie auch biologisch-medizinischer Objekte geschaffen. Innerhalb der hierfür eingesetzten elektronenmikroskopischen Verfahren gewinnt die bis in atomare Bereiche von wenigen Zehntel Nanometer Ausdehnung vordringende Hochauflösungs-Elektronenmikroskopie eine besondere Bedeutung. Bedingt durch die in der Mehrzahl der Fälle unvermeidliche Strahlenschädigung organischer Objekte und deren im allgemeinen relativ geringer Kontrastwirkung wird die Hochauflösungs-Elektronenmikroskopie vorzugsweise für die Untersuchung anorganischer, insbesondere kristalliner Festkörper, eingesetzt.

Für die Interpretation der Hochauflösungsabbildung ist der Einsatz numerischer und optischer Auswerteverfahren unerläßlich. Mit diesen anzuwendenden Methoden wird eine Aufbereitung des Bildinhaltes hinsichtlich Auflösung, Kontrast und Detailerkennbarkeit vorgenommen. In diesem Zusammenhang zu sehende praktische Probleme sind z. B. die Entwirrung einander überlagerter Details, die Abschwächung unerwünschter Untergrundstrukturen, aber auch die Erfassung der dreidimensionalen Objektstruktur aus der im Bild vorhandenen zweidimensionalen Projektion. Für den Fall, daß ein direkter Rückschluß vom Bild auf das Objekt nicht möglich ist, ist das Verfahren der Bildmodellierung durch Computersimulation des Abbildungsprozesses anzuwenden, wo das von einem angenommenen Objektdetail (Modell) simulierte Bild auf seine Übereinstimmung mit der erhaltenen elektronenmikroskopischen Aufnahme überprüft wird.

In der vorliegenden Abhandlung werden die Möglichkeiten und Grenzen des Einsatzes numerischer und optischer Verfahren bei der Auswertung von Hochauflösungsabbildungen kristalliner Objekte dargestellt. Auf vorhandene automatisierte elektronische Systeme der Bildauswertung wird hingewiesen. Im Rahmen des vorgegebenen beschränkten Umfangs dieses Bandes konnten die vor allem im biologisch-medizinischen Bereich wichtigen Fragen der dreidimensionalen Bildrekonstruktion nicht behandelt werden. Das gleiche betrifft auch die morphometrische Analyse, die bei der Auswertung statistischer Gesamtheiten, z. B. von statistisch verteilten Partikeln oder Strukturen, angewandt wird.

In ihrer Darstellung beziehen sich die Autoren vorzugsweise auf ihre eigenen im Institut für Festkörperphysik und Elektronenmikroskopie der Akademie der Wissenschaften der DDR erzielten Arbeitsergebnisse, die sie in den Rahmen des internationalen Standes des Fachgebietes einordnen. Sie sind dem Direktor des Instituts, Professor Dr. H. BETHGE, für die stetige Förderung ihrer Arbeiten sehr dankbar. Es ist für sie eine besondere Freude, daß dieser Band zum 65. Geburtstag ihres Institutsdirektors erscheinen kann. Wie auch alle anderen Mitarbeiter des Instituts gratulieren sie Professor BETHGE herzlich zu seinem Jubiläumsgeburtstag und hoffen, daß sie in ihrer Arbeit noch viele Jahre auf die Ratschläge von Professor BETHGE zählen können.

Halle (Saale), im November 1984

J. Heydenreich

Inhalt

Contents

Содержание

1. Einleitung

Der steigende Bedarf an Werkstoffen mit vorgegebenen physikalischen und chemischen Eigenschaften führte zu einer raschen Entwicklung und Anwendung neuer festkörperphysikalischer und festkörperchemischer Analysen- und Untersuchungsmethoden. Innerhalb der physikalischen Analyseverfahren nehmen die elektronenmikroskopischen Methoden infolge ihrer Möglichkeiten zur direkten Abbildung von Struktur und Morphologie des Festkörpers in submikroskopischen Bereichen bei der Aufklärung des Zusammenhanges zwischen Struktur und Eigenschaften von Festkörpern eine besondere Stellung ein [1]. Die Information über die Ideal- und Realstruktur des Festkörpers kann dabei einerseits direkt aus der elektronenmikroskopischen Abbildung bzw. aus dem Elektronenbeugungsdiagramm gewonnen werden. Zum anderen besteht durch die Kombination von abbildenden und spektrometrischen Verfahren (analytische Elektronenmikroskopie) die Möglichkeit einer quantitativen chemischen Analyse des Festkörpers bei gleichzeitiger Beobachtung der interessierenden Objektbereiche. Bei der analytischen Elektronenmikroskopie wird die Information über das Objekt entweder aus der durch das Elektronenbündel in der Probe angeregten charakteristischen Röntgenstrahlung gewonnen oder andererseits durch spektroskopische Messung der beim Durchgang durch das Objekt erlittenen Energieverluste der Primärelektronen erzielt.

Die Untersuchung des Zusammenhanges von Struktur-Eigenschafts-Beziehungen von anorganischen Festkörpern bedeutet letztendlich die gezielte Aufklärung der Defektstruktur der untersuchten Materialien mit diesen Verfahren, da die Mehrzahl der Festkörpereigenschaften in direkter Weise von der Defektstruktur abhängig ist. Mit der Hochauflösungs-Elektronenmikroskopie (HREM – high resolution electron microscopy) ist eine geeignete Methode zur Charakterisierung und zum Nachweis von Struktur-Eigenschafts-Beziehungen auf atomarem bzw. molekularem Niveau gegeben.

Die Entwicklung der elektronenmikroskopischen Gerätetechnik hat derzeitig einen Stand erreicht, so daß Hochauflösungs-Elektronenmikroskope (100 kV und 200 kV Geräte) mit einem Auflösungsvermögen von 0,2 – 0,3 nm kommerziell verfügbar sind. Neben diesen weit verbreiteten Gerätetypen gibt es einige wenige Höchstspannungs-Hochauflösungs-Elektronenmikroskope – durchweg spezielle Laborentwicklungen bzw. Unikalgeräte –, die im Bereich von 600 kV – 1200 kV arbeiten [2–7]. Die mit diesen Geräten erzielbare Auflösung liegt zwischen 0,1 nm und 0,2 nm. Um eine Auflösung dieser Größenordnung zu erreichen, bedurfte es – im Vergleich zur 100 kV-Hochauflösungsmikroskopie – eines beträchtlichen technischen Mehraufwandes, der alle funktionellen Baugruppen eines Elektronenmikroskopes gleichermaßen betrifft

(s. z. B. [3, 8]). Voraussichtlich werden jedoch auch zukünftig 300–400 kV Elektronenmikroskope – welche bereits kommerziell verfügbar sind – die wohl aussichtsreichste gerätetechnische Lösung darstellen, da hier die Schwierigkeiten bei der Konstruktion – wie beispielsweise die elektronische Stabilisierung der Beschleunigungsspannung – noch nicht so hoch sind und mit einem vertretbaren Kostenaufwand gelöst werden können. Zum anderen ist zu bedenken, daß mit wachsender Beschleunigungsspannung zwar die Strahlenschäden durch Ionisation abnehmen, jedoch die Strahlenschädigung durch Herauslösen der atomaren Bausteine aus ihren ursprünglichen Plätzen zunimmt. Dadurch sind neben den gerätetechnischen Schwierigkeiten auch bezüglich der Anwendung einer Höchstspannungs-Hochauflösungs-Elektronenmikroskopie in Bereichen oberhalb 1000 kV prinzipiell Grenzen gesetzt.

Neben der auf konventionelle Weise im Durchstrahlungs-Betrieb durchgeführten Hochauflösungs-Elektronenmikroskopie (CTEM – conventional transmission electron microscopy) im 100 kV – 1000 kV-Bereich findet in zunehmendem Maße die von CREWE und Mitarbeitern [9–11] entwickelte Raster-Durchstrahlungs-Elektronenmikroskopie (STEM – scanning transmission electron microscopy) Anwendung, deren hauptsächlichster Einsatz im Hochauflösungsbereich bisher die Abbildung von einzelnen Atomen bzw. Atom-Clustern auf einer amorphen Unterlage war.

Die immer häufiger zu findende gerätetechnische Kopplung von spektrometrischen und abbildenden Verfahren – wie beispielsweise die Kombination von Mikrobeugung und Mikroanalyse sowohl mit der Durchstrahlungs- als auch besonders mit der Raster-Durchstrahlungs-Elektronenmikroskopie eröffnet zusätzliche Möglichkeiten einer quantitativen chemischen Analyse im atomaren Bereich.

Die verschiedenen Abbildungstechniken der Hochauflösungs-Elektronenmikroskopie werden in zunehmendem Maße zu Strukturuntersuchungen im atomaren bzw. molekularen Bereich vorzugsweise in der Festkörperphysik und Werkstoffforschung (s. z. B. [12]) herangezogen. Im Gegensatz zu den Beugungsverfahren, wo die Information über die Struktur durch Messung der Amplituden der gestreuten Wellen und eine nachfolgende Bestimmung der Streuphasen erzielt wird (unter Verwendung von Fourierverfahren bzw. der direkten Methode der Strukturanalyse, s. z. B. [13]), ermöglicht die Hochauflösungs-Elektronenmikroskopie eine direkte Beobachtung der atomaren Struktur des Festkörpers und seiner lokalen Gitterstörungen. Wurden am Anfang der Entwicklung der Hochauflösungs-Elektronenmikroskopie vorwiegend Metalle, Legierungen und Halbleiter untersucht, so reicht das gegenwärtige Untersuchungsspektrum von Keramiken, Polymeren und Gläsern, Verbundwerkstoffen, Mineralien bis hin zu Katalysatoren und kleinsten Teilchen (Metallpartikel, Stäube etc.). Die Vervollkommnung der Gerätetechnik einerseits und die Entwicklung und Anwendung geeigneter Präparationstechniken andererseits führten dazu, daß der Anwendungsbereich der Hochauflösungs-Elektronenmikroskopie stark vergrößert wurde. Dies zeigt sich unter anderem darin, daß die Methode der Hochauflösungs-Elektronenmikroskopie nicht nur zur Untersuchung der atomaren Volumenstruktur des Festkörpers, sondern in letzter Zeit auch erfolgreich zur direkten Oberflächenabbildung und damit zur Oberflächenanalyse im atomaren Bereich angewandt wurde [14–16].

Die Zahl der bisher in der Literatur beschriebenen Anwendungsgebiete der Hochauflösungs-Elektronenmikroskopie zur Untersuchung zahlreicher physikalischer und chemischer Prozesse ist bereits so groß, daß ein umfassender Überblick in diesem Rahmen nicht möglich ist. Die folgende Aufzählung von Anwendungen soll die vielfältigen Möglichkeiten der Methode der Hochauflösungs-Elektronenmikroskopie verdeutlichen:

- Strukturaufklärung kristalliner und amorpher Materialien
- Charakterisierung der Realstruktur, insbesondere von Gitterdefekten
- Untersuchungen der atomaren Struktur der Versetzungskerne
- Identifizierung von Ausscheidungen, Antiphasengrenzen, Zwillingen, Stapelfehlern, Korngrenzen und Versetzungen
- Analyse von Interface-Strukturen (direkte Abbildung der Atomanordnung innerer Grenzflächen)
- Phasenanalyse (Aussagen zur lokalen chemischen Zusammensetzung)
- Nachweis von Überstrukturen
- Untersuchung von Phasenübergängen kristallin–amorph
- Strukturaufklärung von Phasentransformationen
- Strukturanalyse von polymorphen und polytypen Modifikationen
- Nachweis von Ordnungs/Unordnungsvorgängen
- Strukturuntersuchungen zur Nichtstöchiometrie
- Untersuchungen von Korrosions- und Oxidationsprozessen
- Strukturuntersuchungen von ionenimplantierten Substanzen
- Untersuchung von dynamischen Prozessen (in-situ Beobachtung von Kristallwachstumsvorgängen)
- Abbildungen von einzelnen Atomen und Atom-Clustern
- Nachweis von Punktdefekten und Punktdefektagglomeraten
- Oberflächenanalyse (direkter Nachweis der rekonstruierten Oberflächenstrukturen, z. B. Bestätigung des „missing-row"-Modells der (2x1) Struktur einer (110)-Goldoberfläche; direkte Abbildung von monoatomaren Terrassen auf der Oberfläche)

Im Rahmen des vorliegenden Beitrages wird eine detaillierte Beschreibung der numerischen und optischen Verfahren zur Interpretation von HREM-Abbildungen an ausgewählten Anwendungsbeispielen zur Realstrukturuntersuchung von Metallen, Halbleitern und Legierungen gegeben. Die Interpretation der HREM-Aufnahmen nimmt dabei einen besonders breiten Raum ein, weil im

Unterschied zu lichtoptischen Abbildungen, die innerhalb ihres Auflösungsbereiches eine eindeutige und einfache Beziehung von Objekt und Abbildung zulassen, für die verschiedenen elektronenmikroskopischen Abbildungstechniken eine detaillierte Diskussion der Entstehung des Bildkontrastes erforderlich ist. Dabei ist zu prüfen, unter welchen Bedingungen und Voraussetzungen sowohl hinsichtlich des elektronenoptischen Abbildungssystems als auch hinsichtlich der Eigenschaften des Untersuchungsobjektes eine eindeutige Zuordnung Bild–Objekt vorgenommen werden kann. Für die Bildentstehung im Elektronenmikroskop sind neben der Wirksamkeit des elektronenoptischen Abbildungssystems die Wechselwirkungsmechanismen der Elektronenstrahlung mit dem zu untersuchenden Objekt gleichermaßen wesentlich. Eine Deutung des Bildkontrastes erfordert letztendlich die Kenntnis der Winkelverteilung der an den atomaren Bausteinen des Objektes gestreuten Elektronen, wobei wesentliche Unterschiede der Streumechanismen in Abhängigkeit vom Ordnungsgrad des Objektes, seiner chemischen Zusammensetzung und seiner Dimensionen auftreten. Zum anderen wird der Bildkontrast nicht nur von den Objekteigenschaften bestimmt, sondern ebenso von den einzelnen Komponenten des elektronenoptischen Abbildungssystems (Beleuchtungseinrichtung, Linsen, Blenden etc.) beeinflußt.

Die korrekte Bildinterpretation einer elektronenmikroskopischen Abbildung bedeutet somit, daß für die jeweils herrschenden Abbildungsbedingungen die Einflüsse der beiden grundlegenden Prozesse

- elektronenoptischer Abbildungsvorgang
- Wechselwirkungsprozeß Elektronenstrahl-Probe

auf den Bildkontrast zu erfassen und in geeigneter Weise theoretisch beschreibbar sind. Dies führt in der Regel zur numerischen Berechnung bzw. Simulation der elektronenmikroskopischen Bildkontraste (s. Kap. 3 und 4). Darüber hinaus bedarf eine Interpretation der Bildkontraste der digitalen und optischen Bildverarbeitung (s. Kap. 5), um die in der Abbildung enthaltene Information über das Untersuchungsobjekt möglichst vollständig und ungestört zu gewinnen.

2. Grundlagen der Hochauflösungs-Elektronenmikroskopie (HREM)

Voraussetzung für jede Bildinterpretation und Bildverarbeitung ist es, daß einerseits durch eine hochentwickelte Gerätetechnik Abbildungen mit ausgezeichneter Qualität erzeugt werden und andererseits die mathematische Beschreibung der verschiedenen Prozesse, die zur Abbildung führen und diese beeinflussen, vorliegt. Deshalb erfolgt zunächst die Behandlung der Anforderungen an Gerätetechnik und Probenmaterial und eine Übersicht über die theoretischen Grundlagen der Hochauflösungs-Elektronenmikroskopie. Umfangreiche Darstellungen der in Kap. 2 behandelten Problematik finden sich in zahlreichen Publikationen (s. z. B. [17–29]).

2.1. Gerätetechnisches und Experimentelles

Der prinzipielle Aufbau und die Wirkungsweise eines Hochauflösungs-Elektronenmikroskops entspricht im wesentlichen dem eines konventionellen Durchstrahlungs-Elektronenmikroskops. Die einzelnen Bestandteile eines Elektronenmikroskops lassen sich folgenden funktionellen Baugruppen zuordnen:

- Strahlerzeugungssystem
- Objektraum mit Probenhalterung
- Abbildungssystem
- Bildregistrierung
- Vakuumsystem

Alle aufgeführten Systeme tragen – wenn auch in unterschiedlichem Maße – zur Bildentstehung und damit auch zum Auflösungsvermögen des Elektronenmikroskops bei. Dabei sind insbesondere in den letzten zwei Jahrzehnten bedeutende Fortschritte bei der Verringerung von störenden bzw. auflösungsbegrenzenden Faktoren der einzelnen Baugruppen erzielt worden. Im folgenden werden die gerätetechnischen Anforderungen, die für eine elektronenmikroskopische Abbildung im Hochauflösungsbereich erfüllt sein müssen, beschrieben.

Das Beleuchtungssystem muß sich durch folgende Eigenschaften auszeichnen:

- eine hohe Leuchtdichte, um bei den notwendigen Vergrößerungen, d. h. Abbildungsmaßstäben bis zu etwa 10^6fach eine ausreichende Helligkeit auf dem Leuchtschirm in der Bildebene zu erzeugen (Grenzwert etwa $5 \cdot 10^{-11}$ A/cm²).
- einen kleinen Strahldurchmesser ($\varnothing \approx 1 \ldots 0{,}1$ µm), um ein unnötiges Aufheizen der Probe und daraus resultierende thermische Anregungen bzw. Objektschädigungen zu vermeiden.

- eine stabile Emission der Katode, da bei Hochauflösungsaufnahmen Belichtungszeiten bis zu 1 min notwendig sind.
- eine geringe Energiebreite der austretenden Elektronen ($\Delta E/E \leqslant 5 \cdot 10^{-6}$), die einen direkten Einfluß auf das Auflösungsvermögen besitzt.

Nach den genannten Kriterien werden hauptsächlich vier Typen von Elektronenquellen angewandt, die in unterschiedlichem Maße diese Anforderungen erfüllen: Wolfram-Haarnadelkatoden, Wolfram-Punktkatoden, LaB_6-Katoden und Feldemissionskatoden.

Während die ersten beiden auf thermischer Emission basierenden Systeme bei normalem Vakuum ($p \approx 10^{-3}$ Pa) betrieben werden können, sind besonders für ein stabiles Arbeiten von Feldemissionskatoden Ultrahochvakuum-Bedingungen notwendig ($p \leqslant 10^{-6}$ Pa), wofür ein größerer gerätetechnischer Aufwand erforderlich ist. Dieser Nachteil wird jedoch durch den hohen Richtstrahlwert dieser Katoden und durch die geringe Energiebreite der emittierten Elektronen ($\Delta E/E \leqslant 5 \cdot 10^{-7}$) aufgehoben. Dabei muß natürlich gewährleistet sein, daß die Schwankungen der Beschleunigungsspannung nicht größer als die Schwankungen der Energie der emittierten Elektronen sind.

Durch ein Doppelkondensorlinsensystem werden die beschleunigten Elektronen auf die Probe mit einem Sondendurchmesser fokussiert, der im Fall von Feldemissionskatoden etwa 20 nm beträgt. Bei thermisch emittierenden Katoden liegt dieser Wert zwischen 100 nm und 1 μm. Durch diese kleinen Strahldurchmesser wird verhindert, daß durch das Aufheizen größerer Gebiete thermisch bedingte Vibrationen in der Probe auftreten. Die für die Erzeugung von Hochauflösungsaufnahmen notwendigen kleinen Beleuchtungsaperturen von etwa 10^{-4} rad werden durch geeignete Wahl von Kondensorblenden realisiert.

Den Abbildungsstrahlengang im Elektronenmikroskop unmittelbar nach der Kondensorblende bis zur Registrierebene zeigt Abbildung 1. Konstruktives Hauptmerkmal sind drei Elektronenlinsen, wobei in modernen Geräten ausschließlich Magnetfeldlinsen verwendet werden. Ähnlich wie in der Lichtoptik lassen sie sich durch Größen wie Brennweiten bzw. Lage der Brennpunkte charakterisieren. Um den bei Hochauflösungsbeobachtungen notwendig hohen Abbildungsmaßstab von bis zu 10^6 zu erreichen, sind zwischen Objektiv und Projektiv noch ein bis zwei Zwischenlinsen notwendig. Objektivlinsen sind so konstruiert, daß sie durch ihre starken Magnetfeldkonzentrationen kleine Brennweiten besitzen (bei 100 kV-Geräten etwa 1 mm). Dadurch läßt sich u. a. der auflösungsbegrenzende Einfluß von Linsenfehlern, wie z. B. der sphärischen und chromatischen Aberration, verringern. Eine stabilisierende Elektronik sorgt dafür, daß die Fluktuationen der Linsenströme und daraus resultierende Schwankungen der Brennweite geringer als 10^{-6} pro Minute sind. Eine Möglichkeit zum Erreichen noch größerer Feldstärken und stabilerer Magnetfelder zeichnet sich in der Verwendung von supraleitenden Spulen ab. Um einen rotationssymmetrischen Feldverlauf zur optischen Achse zu gewährleisten, sind Objek-

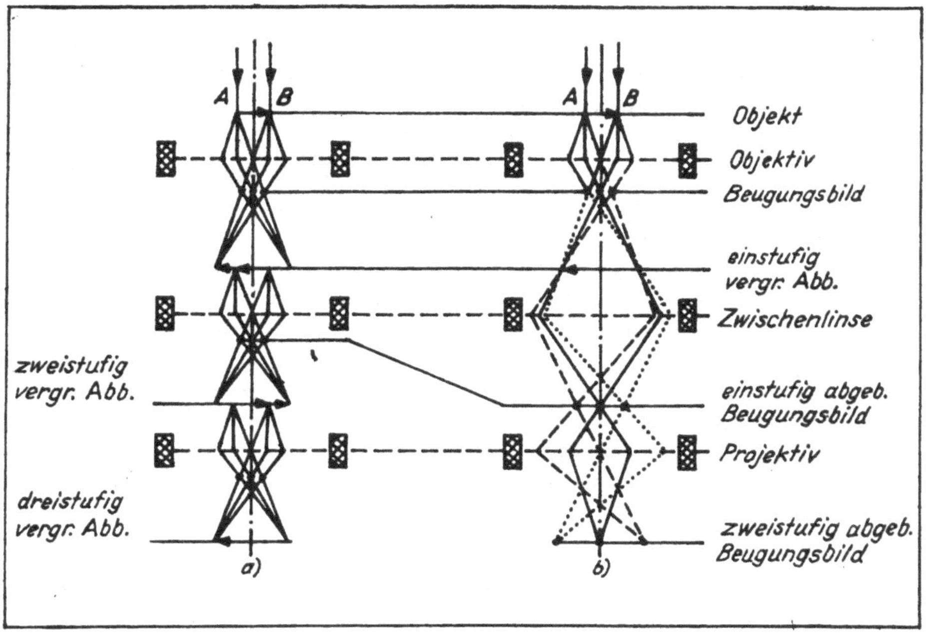

Abb. 1. Strahlengänge in einem dreistufigen Elektronenmikroskop
a) Abbildung
b) Elektronenbeugung mit Zwischenabbildung

tivlinsen zusätzlich mit unterschiedlichen Systemen von Stigmatoren ausgerüstet. Zwischen Kondensor und Objektiv befindet sich die Objektkammer, die einerseits einen Schleusenmechanismus für den Präparatwechsel aufweist (Objektschleuse) und andererseits auswechselbare Einrichtungen zur Probenmanipulation enthält. Das Grundelement der auswechselbaren Einrichtungen ist ein Objekttisch, der eine exakte translatorische Bewegung des Objektes ermöglicht, wobei eine hohe mechanische Stabilität gewährleistet sein muß. Die durch äußere Schwingungen bzw. durch thermische Einflüsse bedingten Verschiebungen des Tisches dürfen 0,1 nm pro Sekunde nicht überschreiten.

Eine weitere notwendige Forderung in der Hochauflösungsmikroskopie betrifft die Möglichkeit, die Probenorientierung in gewissen Grenzen variieren zu können. Aus diesem Grund besitzen moderne HREM-Mikroskope Goniometer (Kipptische), mit denen sich die Präparate allseitig um Winkel bis zu ± 15° kippen lassen.

Als eine weitere, wichtige Zusatzeinrichtung sei auf die Objektraumkühlung hingewiesen. Da in der Mikroskopsäule selbst keine UHV-Bedingungen vorhanden sein müssen, werden meistens nicht so aufwendige Diffusionspumpen eingesetzt, die ein ausreichendes Vakuum bis zu etwa 10^{-4} Pa ermöglichen. Allerdings entstehen in diesem nicht-ölfreien Vakuum Crack-Produkte, die zu einer Probenverschmutzung führen würden. Aus diesem Grund befinden sich um das Objekt mit flüssigem Stickstoff gekühlte Flächen, die diese Kontamination auf ein Minimum reduzieren.

Das Auflösungsvermögen eines Mikroskops wird bezüglich der elektronenoptischen Bauteile hauptsächlich durch die Parameter der Objektivlinse bestimmt; vorausgesetzt sei hierbei eine exakte Justierung der einzelnen Linsensysteme zueinander. Von den auftretenden Linsenfehlern sind die sphärische und die chromatische Aberration mit ihren linsenspezifischen Koeffizienten c_s und c_c von entscheidendem Einfluß. Werden — analog zur Lichtoptik — zusätzlich Beugungserscheinungen an Aperturen berücksichtigt, läßt sich eine theoretische Auflösungsgrenze angeben zu:

$$d_{theor} = A \cdot \sqrt[4]{\lambda^3 \cdot c_s},$$

wobei die Konstante A in Abhängigkeit von der angenommenen Richtungsverteilung der am Objekt gestreuten Elektronen (Strahlungscharakteristik) Werte zwischen 0,43 und 0,78 annehmen kann (für eine detaillierte Diskussion zur Problematik der Bestimmung von d in der HREM s. Kap. 2.2.).

Abschließend sei noch auf die Registriermöglichkeiten im EM hingewiesen. In der Mehrzahl der Fälle werden die Hochauflösungsbilder auf Photoplatten aufgenommen, wobei in modernen Geräten eine Belichtungsautomatik zur Verfügung steht. In den letzten Jahren erfolgt ebenso die Nutzung von Elementen der elektronischen Bildaufzeichnung bzw. Speicherung und Bildverstärkung. Im ersten Fall gestattet dies eine direkte Weiterverarbeitung der elektronenmikroskopischen Bilder; im zweiten Fall wird das Arbeiten bei geringsten Intensitäten ermöglicht ($\approx 10^{-13}$ A/cm^2 in der Bildebene), wodurch sich die strahlinduzierten Objektschädigungen wesentlich reduzieren lassen (s. hierzu Kap. 2.3. und Kap. 5.1.3.).

Für erfolgreiche Hochauflösungsuntersuchungen spielen neben den gerätetechnischen Voraussetzungen die Anforderungen an das Probenmaterial eine wichtige Rolle. Dies betrifft einerseits die zu durchstrahlende Präparatdicke, welche um störende Interferenzeffekte zu vermeiden, nicht größer als etwa 30 nm sein sollte. Andererseits ist für eine Direktabbildung der Gitterstruktur eine Probenorientierung parallel zu einer niedrig indizierten Gitterrichtung notwendig. Eine weitere Anforderung bezieht sich auf die Güte der Präparatoberfläche, deren Rauhigkeit einen unerwünschten bzw. nicht mehr zu vernachlässigenden Einfluß auf den Bildkontrast besitzt. Um den genannten Anforderungen zu genügen, wurden für die unterschiedlichsten Materialien Präparationstechniken entwickelt, von denen im folgenden einige ausgewählte Verfahren kurz skizziert werden (für eine ausführliche Beschreibung s. [20], wo ebenso eine Zusammenstellung der Übersichtsliteratur zur Präparationstechnik enthalten ist).

Die in der konventionellen Transmissions-Elektronenmikroskopie üblicherweise verwendeten amorphen Trägerfilme sind für die Abbildung extrem kleiner Objekte (z. B. Atom- bzw. Molekül-Cluster) ungeeignet, da ihr elektronenmikroskopisches Bild eine charakteristische Untergrundstruktur aufweist, deren Details vergleichbar mit denen des eigentlichen Objektes sind. In solchen Fällen haben sich als Trägermaterialien dünne, kristalline Folien bewährt, wie beispielsweise dünne Plättchen aus Glimmer, Berylliumoxid, Graphit und Magnesiumoxid.

In der Festkörperphysik und Werkstofforschung liegt in vielen Fällen für die durchzuführenden elektronenmikroskopischen Untersuchungen kompaktes Ausgangsmaterial vor, aus dem durch Sägen, Schleifen und Polieren dünne Scheibchen in der dem Probenhalter entsprechenden Größe herauspräpariert werden müssen. Das abschließende Abdünnen auf die geringen Dicken ($t \leqslant 30$ nm) geschieht auf elektrolytischem oder chemischem Wege. Für ein abschließendes Glätten von Oberflächen hat sich in vielen Fällen die Technik des Ionenätzens bewährt, bei der beschleunigte Edelgasionen auf die Proben geschossen werden. Dabei werden durch die Wechselwirkung der Ionen mit der Festkörperoberfläche Atome aus dieser herausgelöst, wodurch letztendlich ein Abtragen des Probenmaterials stattfindet. Ein aktuelles Anwendungsgebiet betrifft die Herstellung von Querschnittspräparaten. Das Ziel hierbei besteht darin, die Grenzflächen von Schichtsystemen, wie sie u. a. für die Herstellung spezieller Halbleiterbauelemente verwendet werden, senkrecht zu ihrer Orientierung beobachten zu können. Auf diese Weise erhält man direkte Aussagen zur Kristallographie des Übergangsbereiches. Als ein Beispiel für solche Untersuchungen von Grenzflächen zeigt Abbildung 2 (s. Tafelteil) die Gitterstruktur des Übergangsbereiches zwischen einem Ge-Kristall und einer durch eine Festkörperreaktion entstandenen GeO_2-Oberflächenschicht.

2.2. Bildentstehung und Kontrast

Die Behandlung der Bildentstehung in der Elektronenmikroskopie erfordert gleichermaßen detaillierte Kenntnisse über den elektronenoptischen Abbildungsprozeß und den physikalischen Wechselwirkungsprozeß zwischen Elektronenstrahlung und zu untersuchendem Objekt. Ein beobachtbarer Bildkontrast setzt eine ausreichende Wechselwirkung der zur Abbildung benutzten Elektronen mit dem Untersuchungsobjekt voraus. Dabei darf die Stärke der Wechselwirkung, die von der Anzahl der einfallenden Elektronen und ihrer Energie abhängt, ein gewisses Maß (kritische Elektronendosis) nicht übersteigen, um Objektveränderungen (Strahlenschäden) zu vermeiden. Je nach strukturellem Aufbau der Objekte – amorphe Materialien (keine Fernordnung zwischen den atomaren Bausteinen) bzw. kristalline Materialien (geordneter Aufbau durch regelmäßige Anordnung der atomaren Bausteine) – werden die einfallenden Elektronen an den Atomen des Festkörpers inkohärent oder kohärent gestreut bzw. gebeugt[1]. Dabei kann der Streuvorgang elastisch oder unelastisch erfolgen. Im Falle der unelastischen Streuung erfolgt eine Energieübertragung von den Elektronen auf das Objekt, wobei eine Anregung oder Ionisation der gebundenen Elektronen sowie eine Anregung der freien Elektronen oder Gitterschwingungen stattfinden kann. In Abhängigkeit von der Probendicke können die einfallenden Elektronen Einzel- oder Mehrfachstreuprozesse erleiden. Ist die Probendicke im Vergleich zur mittleren freien Weglänge für Einzelstreuung hinreichend klein, sind Mehrfachstreuprozesse vernachlässigbar.

Die in der konventionellen Durchstrahlungs-Elektronenmikroskopie (CTEM – conventional transmission electron microscopy) wesentlichen Arten der Kontrastentstehung werden anhand von Abbildung 3 verdeutlicht. Bei dem in Abbildung 3a angegebenen Strahlengang entsteht der Bildkontrast durch die Interferenz des Primärstrahls (ungebeugter Strahl) mit den gebeugten Strahlen in der Bildebene (Phasenkontrast) in analoger Weise wie bei der Bildentstehung im Lichtmikroskop (ABBEsche Theorie der Bildentstehung).

In Abbildung 3b passieren nur die ungestreuten bzw. in extrem kleine Winkel gestreuten Elektronen die Objektivaperturblende und tragen somit zur Bildentstehung bei (Amplitudenkontrast, Hellfeld-Abbildung). Gelangen nur die Elektronen eines abgebeugten Strahles zur Bildebene, so entsteht eine Dunkelfeld-Abbildung. Dabei kann nicht streng zwischen Phasen- und Amplitudenkontrast unterschieden werden, da stets beide Anteile in Abhängigkeit von der Aperturblende und des Objektes zur Abbildung beitragen. In allen drei Fällen rührt der Kontrast hauptsächlich von den elastisch gestreuten Elektronen her (ausgenommen dicke Objekte und/oder niedrige Elektronenenergien). Die unelastisch gestreuten Elektronen werden wegen des chromatischen Fehlers nicht in der Bildebene fokussiert; sie liefern den Streuuntergrund, welcher den Kontrast herabsetzt. Elektronen niedriger Verlustenergie wirken dabei praktisch wie elastisch gestreute Elektronen.

Im Falle einer Abbildung mit vorherrschendem Amplitudenkontrast zeigen die Hellfeld- und Dunkelfeldabbildung die Intensitätsänderung des durchgehenden bzw. abgebeugten Strahles als Funktion des Ortes an. Für einen unverbo-

1 In der Literatur hat sich der Begriff der kohärenten und inkohärenten Streuung eingebürgert. Dieser bezieht sich nicht auf den Kohärenzgrad der einfallenden Strahlung, sondern auf den Ordnungsgrad des Festkörpers und die damit verbundenen Phasenbeziehungen der gestreuten Wellen. Streng genommen sollte man von einer „korrelierten" und „unkorrelierten" Streuung sprechen und den Begriff der Kohärenz nur für die Interferenzfähigkeit verwenden (s. z. B. [17]).

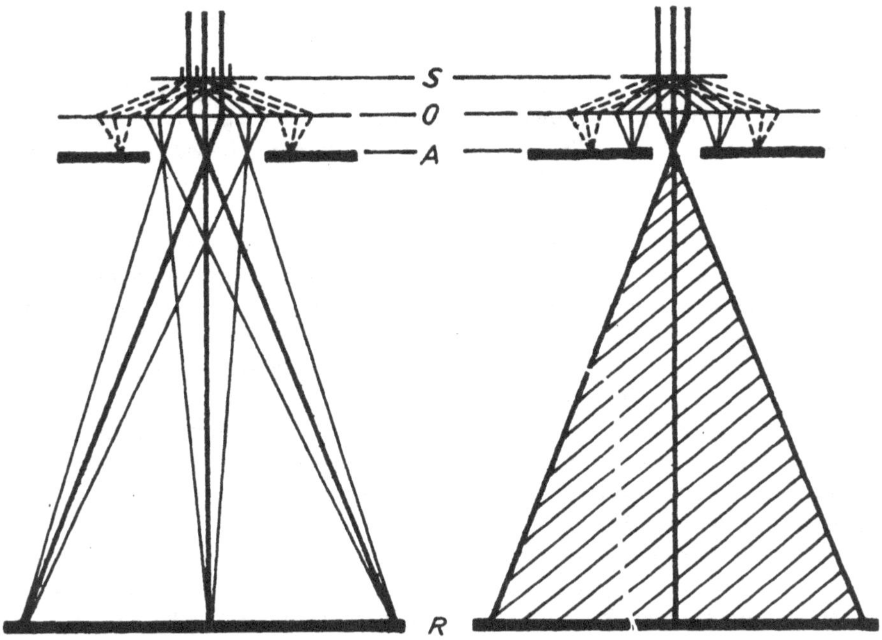

Abb. 3. Strahlengänge in einem Transmissions-Elektronenmikroskop
a) Mehrstrahlabbildung
b) Beugungskontrast–Hellfeldabbildung
(S – Probe, O – Objektivlinse, A – Objektivapertur, R – Registrierebene)

genen Idealkristall gleicher Dicke ist somit unter diesen Abbildungsbedingungen keinerlei Kontrast zu erwarten. Werden jedoch die Beugungsbedingungen durch eine Variation der Dicke, das Vorhandensein von lokalen Verbiegungen oder Kristalldefekten gegenüber der Umgebung verändert, so sind diese Bereiche mit entsprechendem Kontrast sichtbar. Der auf diese Weise entstehende Amplitudenkontrast kristalliner Objekte wird als Beugungskontrast bezeichnet (s. z. B. [30, 31]). Die Methode der Beugungskontrastabbildung ist das wohl am häufigsten angewandte elektronenmikroskopische Routineverfahren zur Untersuchung von Gitterdefekten in kristallinen Festkörpern. Für eine befriedigende Kontrastinterpretation, d. h. für die Bestimmung von Größe und Vorzeichen des Kontrastes, ist die Anwendung der dynamischen Theorie der Elektronenbeugung erforderlich, bei der die Wechselwirkung zwischen der durchgehenden Elektronenwelle und allen abgebeugten Wellen berücksichtigt wird (ausführliche Behandlungen zur Theorie des Beugungskontrastes s. z. B. [32, 33]). Während die Methode des Beugungskontrastes bezüglich der erzielbaren Auflösung (einige nm) stark eingegrenzt ist, kann mit Hilfe der Phasenkontrast-Abbildung unter speziellen

Bedingungen sowohl hinsichtlich der Elektronenoptik als auch der zu untersuchenden Objekte eine Auflösung von Objektdetails in atomarer Größenordnung erzielt werden. Dies verdeutlicht anschaulich Abbildung 4 (s. Tafelteil), die eine Phasenkontrast-Abbildung eines Si-Kristalles zeigt. Der Abbildung der Gitterstruktur des Siliciums (Phasenkontrast) sind hier Streifenstrukturen (Beugungskontrast) überlagert, die von Mikrozwillingen (a) und Stapelfehlern (b) herrühren. Wie bereits erwähnt, wird hier ersichtlich, daß in der elektronenmikroskopischen Abbildung stets Anteile beider Kontrastarten enthalten sind.

Die unterschiedlichen Arten der in der Hochauflösungs-Elektronenmikroskopie üblichen Abbildungstechniken sind in Abbildung 5 (s. Tafelteil) schematisch wiedergegeben. Je nach Anordnung und Größe der Objektiv-Aperturblende sind folgende unterschiedliche Abbildungsarten möglich: Interferieren ein bzw. wenige gebeugte Strahlen mit dem Primärstrahl, so können Netzebenenabbildungen erhalten werden (I). Die Periode dieser Streifenstrukturen entspricht den Netzebenenabständen der angeregten Beugungsreflexe bzw. den dazugehörenden Raumfrequenzen. Eine Vielstrahlabbildung wird ermöglicht, wenn eine Blende vom Typ II in den Strahlengang eingebracht wird. Werden hinreichend dünne Kristalle mit einer großen Elementarzelle untersucht, so daß — wie in Darstellung III gezeigt — sehr viele Strahlen angeregt werden und miteinander interferieren, können mit dieser Technik die Kristallgitter von Atom- und Molekülstrukturen abgebildet werden. Eine Strukturabbildung ist immer dann gegeben, wenn die elektronenmikroskopische Abbildung der Projektion der Kristallstruktur entspricht. Eine Blende vom Typ IV erzeugt eine Dunkelfeldabbildung. Verschiedene abgebeugte Strahlen interferieren miteinander; der Primärstrahl liegt außerhalb der Objektivaperturblende. Eine spezielle Dunkelfeld-Abbildungstechnik liefert Blende V. Es werden alle abgebeugten Strahlen ausgeblendet, so daß der Bildkontrast nur vom Streuuntergrund erzeugt wird. Diese Technik wird vor allem zur Abbildung von Einzelatomen und Atom-Clustern auf Zwischengitterplätzen herangezogen. Im unteren Teil der Abbildung 5 sind für die unterschiedlichen Abbildungsarten experimentelle Anwendungen für Silicium gegeben. Die aufgeführten Abbildungstechniken ermöglichen jedoch nur dann eine elektronenmikroskopische Abbildung im Hochauflösungsbereich, wenn die dafür erforderlichen experimentellen Voraussetzungen bezüglich der Beleuchtungs- und Fokussierungsbedingungen, der Probenorientierung und der Probendicke exakt erfüllt sind.

Der elektronenmikroskopische Abbildungsvorgang — einschließlich der Bildentstehung unter Hochauflösungsbedingungen — wird im wesentlichen durch zwei Prozesse charakterisiert: Einerseits werden durch die Wechselwirkung der einfallenden Primärwelle mit dem Objekt deren Amplitude und Phase modifiziert. Zum anderen beeinflussen die einzelnen Glieder der elektronenoptischen Übertragungskette (Beleuchtungsbedingungen, Anordnung und Form der Blenden, Registriereinrichtung), insbesondere die Wirkung der Objektivlinse, wesentlich den Prozeß der Bildentstehung. Ausführliche Darstellungen der optischen Abbildungstheorie und die Behandlung der elektronenmikroskopischen Bildentstehung findet man in Standardbüchern der Optik und Beugungsphysik (s. z. B. [17, 18, 34–37]) ebenso wie in zahlreichen Übersichtsartikeln (s. z. B. [38–47]). Unter der Annahme, daß das Linearitätskriterium der optischen Übertragung[2] erfüllt ist und eine FRESNELsche Kleinwinkelnäherung physikalisch gerechtfertigt werden kann, ist der Abbildungsprozeß durch Fourier-Transformationen beschreibbar. Die Mehrzahl der dreidimensionalen Objekte lassen sich gemäß dem Projektionstheorem in der Elektronenmikroskopie (s. z. B. [41]) durch zweidimensionale Objektfunktionen beschreiben, d. h. durch die Wellenfunktion $\Psi_0(x)$ an der Probenaustrittsfläche, welche die Information über das dreidimensionale Objekt enthält. Der „ideale" Abbildungsprozeß ist durch folgende zwei Schritte charakterisiert: Aus der Wellenfunktion $\Psi_0(x)$ in der Objektivebene berechnet sich durch eine Fourier-Transformation die Wellenfunktion $\Psi_d(u)$, die das FRAUNHOFERsche Beugungsbild darstellt, das sich in der bildseitigen Brennebene der Objektivlinse befindet. Eine inverse Fourier-Transformation liefert aus $\Psi_d(u)$ die Wellenfunktion $\Psi_i(x)$ in der Bildebene. Die Aberrationen des Abbildungssystems, d. h. die Linsenfehler, Fokussierungsfehler, die Beugung an der Begrenzung der Aperturblende, verhindern eine ideale Punkt-zu-Punktabbildung und führen zu einer breiteren, verwaschenen Intensitätsverteilung des Elektronenstromes in der Bildebene. Bei Anwendung der linearen optischen Übertragungstheorie zur Beschreibung der Bildentstehung wird der Einfluß des elektronenoptischen Systems auf den Abbildungsvorgang durch die Punktbildverwaschungsfunktion oder deren Fourier-Transformierte, die optische Übertragungsfunktion des Systems beschrieben. In der elektronenmikroskopischen Praxis ist für die Hochauflösungs-Abbildung in der Mehrzahl der Fälle die Linearitätsbedingung der Übertragung erfüllt. Zum anderen rechtfertigen Aperturwinkel in der Größenordnung von 10^{-2} rad eine FRESNELsche Kleinwinkelnäherung für die analytische Darstellung des realen Abbildungsvorganges an der Objektivlinse (detaillierte Behandlungen s. z. B. [17, 48]). Die Lösung der dabei entstehenden Faltungsintegrale (siehe Abschnitt 3.1.) ist durch die Anwendung des Faltungstheorems mit Hilfe von Fourier-Transformationen möglich. Die einzelnen Schritte des Abbildungsprozesses, der in Abbildung 6 schematisch mit Hilfe eines „ABBE-Diagramms" aus der Strahlenoptik veranschaulicht wird, können (in eindimensionaler Betrachtungsweise) folgendermaßen dargestellt werden: Die einfallende Elektronenwelle wird am Objekt gestreut und in der hinteren Brennebene der Objektivlinse entsteht durch Interferenz das FRAUNHOFERsche Beugungsbild. Die mathematische Beschreibung dieses Schrittes ist die Fourier-Transformation der Objektwellenfunktion $\Psi_0(x)$:

2 Ein lineares Abbildungssystem ist gegeben, wenn für die Zuordnung von Objektfunktion und Bildfunktion das lineare Superpositionsgesetz erfüllt ist.

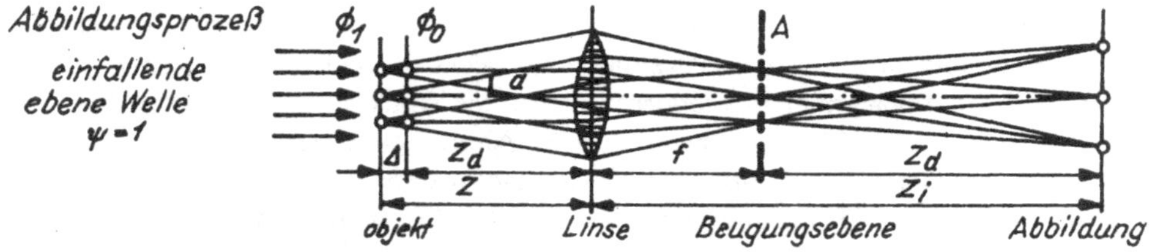

Abb. 6. Strahlengang zur Beschreibung des elektronenoptischen Abbildungsprozesses an der Objektivlinse

$$\Psi_d(u) = \int \Psi_0(x) \exp(2\pi iux)\, dx = \mathrm{F}\,[\Psi_0(x)]. \qquad (2.1)^3$$

Der reale Abbildungsprozeß ist dadurch charakterisiert, daß durch Multiplikation mit der Aperturfunktion A(u) und der Kontrastübertragungsfunktion C(u) die Amplituden und Phasen der Wellenfunktion $\Psi_d(u)$ den experimentellen Bedingungen entsprechen:

$$\Psi_{d'}(u) = \Psi_d(u) \cdot A(u) \cdot C(u). \qquad (2.2)$$

Die Aperturfunktion nimmt in Abhängigkeit von Größe, Form und Lage der Kontrastblende innerhalb des transparenten Teils den Wert A(u) = 1 und außerhalb den Wert A(u) = 0 an. Eine reziproke Fourier-Transformation der modifizierten Welle liefert die Wellenfunktion $\Psi_i(x)$ in der Bildebene

$$\Psi_i(x) = \int \Psi_{d'}(u) \exp(-2\pi ixu/M)\, du = \mathrm{F}^{-1}[\Psi_{d'}(u)] \qquad (2.3)$$

(M – Abbildungsmaßstab).

Für die Intensitätsverteilung des in der Endbildebene zu beobachtenden elektronenmikroskopischen Bildes gilt:

$$I(x) = \Psi_i(x) \cdot \Psi_i^*(x) \qquad (2.4)$$

wobei $\Psi_i^*(x)$ komplex konjugiert zu $\Psi_i(x)$ ist.

Der reale Abbildungsvorgang kann jedoch nicht losgelöst vom Wechselwirkungsprozeß Elektronenstrahl–Probe betrachtet werden. Die Interpretation der elektronenmikroskopischen Abbildung erfordert die Kenntnis der elastischen und unelastischen Streuprozesse der Elektronen in Abhängigkeit von dem strukturellen Aufbau des Festkörpers (isolierte Atome, amorphe Materialien,

3 F und F^{-1} sind Operatoren zur Darstellung der Fourier- bzw. inversen Fourier-Transformation. Es gilt folgende Definition: $\mathrm{F}[f(x)] \equiv F(u)$, $f(x) \equiv \mathrm{F}^{-1}[\mathrm{F}\{f(x)\}]$.

Kristalle) [49–53]. Dies bedarf der Berechnung der ortsabhängigen Wellenfunktion $\Psi_0(x)$ an der Probenaustrittsseite durch geeignete Behandlung der Elektronenstreuung (s. Kap. 3.2.). Man unterscheidet bei dieser Berechnung die folgenden Grenzfälle zur Näherung der ortsabhängigen Wechselwirkung. Objekte, die eine signifikante Änderung der Amplitude der einfallenden Welle bewirken, werden als Amplitudenobjekte bezeichnet. Im Gegensatz dazu wird von Phasenobjekten nur eine Phasenänderung der einfallenden Welle hervorgerufen. Ideale Phasen- und Amplitudenobjekte existieren in der elektronenmikroskopischen Praxis nicht. Nahezu „reine Phasenobjekte" liegen vor, wenn die Proben sehr dünn sind. Diese Objekte werden als „schwache Phasenobjekte" bezeichnet, wenn die durch das Objekt hervorgerufene Phasenschiebung sehr gering ist. In der elektronenmikroskopischen Praxis können sehr dünne Objekte, die aus „schwachen Streuern" (Atome niedriger Ordnungszahl, keine Schweratome) aufgebaut sind, in guter Näherung als nahezu perfekte schwache Phasenobjekte betrachtet werden (zur Phasenobjekt-Näherung s. z. B. [17, 54, 55]).

Allgemein ist für Phasenobjekte die durch das Objekt erzeugte Phasendrehung dem projizierten Probenpotential direkt proportional (s. Kap. 3.3.). Für „schwache Streuer" ist darüber hinaus die erste BORNsche Näherung erfüllt, d. h. die gestreute Welle ist gegenüber der ungestreuten Welle um 90° phasenverschoben. Das bedeutet außerdem, daß zwischen dem projizierten Potential und der Objektwellenfunktion ein linearer Zusammenhang besteht. Im Falle „starker Streuer" (dicke Proben, Atome hoher Ordnungszahlen) ist die erste BORNsche Näherung nicht mehr erfüllt und somit ist die lineare Verknüpfung von Phasendrehung und projiziertem Potential verletzt. Dies erfordert entweder die Berücksichtigung von Termen höherer Ordnung oder vollständige dynamische Behandlung der Elektroneninterferenzen in der kristallinen Probe (s. Kap. 3.2.).

Hiermit im Zusammenhang steht auch die oben erwähnte Problematik der Linearität des eigentlichen optischen Übertragungsprozesses. Für stärker streuende Objekte wird die Streuung in größere Raumwinkel zunehmen, wodurch die Gültigkeit der Herleitung des Fourierformalismus (Linearität) in Frage gestellt ist. Deshalb werden im Falle stark streuender Objekte, ebenso wie für die Dunkelfeldabbildung mit dezentraler Blende, nichtlineare Prozesse an Bedeutung gewinnen. Die Nichtlinearität der Übertragung erschwert die Interpretation von Hochauflösungsaufnahmen, insbesondere von Dunkelfeldabbildungen außerordentlich (für eine detaillierte theoretische Beschreibung dieses Problems s. z. B. [56]). Abschätzungen zur Gültigkeit der Näherung schwacher Phasenobjekte wurden von LENZ [39], HANSSEN [40], MISELL [57], GRINTON und COWLEY [58] vorgenommen.

Die verschiedenen Schritte zur Berechnung der elektronenmikroskopischen Abbildung zeigen, daß die Wellenfunktion in der Bildebene mit der Objektwellenfunktion durch die in Gleichung (2.2) angegebene einfache Beziehung, die sogenannte Filtergleichung, verbunden ist. Die Fourier-Transformierte der Objektfunktion liefert das Raumfrequenzspektrum des Objektes. Durch die Wirkung der Kontrastübertragungsfunktion findet eine selektive Übertragung (Filterung) statt. Die reziproke Fourier-Transformation des gefilterten Spektrums liefert die Abbildung des Objektes. Inwiefern eine eindeutige Zuordnung von Objekt- und zugehörigen Bildpunkten möglich ist, wird im wesentlichen durch die Eigenschaften der jeweiligen Übertragungsfunktion in Abhängigkeit von den elektronenoptischen Parametern und den experimentellen Abbildungsbedingungen bestimmt. Die Kontrastübertragungsfunktion (CTF) ist im allgemeinen komplex, für spezielle Beleuchtungsbedingungen kann sie über weite Raumfrequenzbereiche u vollständig real oder imaginär sein. Unter den experimentellen Bedingungen der Hochauflösungs-Elektronenmikroskopie wird die lineare optische Übertragung durch die SCHERZERsche Kontrastübertragungsfunktion charakterisiert [59]. Diese Funktion ergibt sich bei kohärenter, axialer Beleuchtung zu:

$$C(u) = \exp\left\{-i\,\chi\right\}. \tag{2.5a}$$

Für die Phasenschiebung χ gilt:

$$\chi = \frac{\pi}{2}\,(-c_s\lambda^3 u^4 + 2\Delta\lambda u^2). \tag{2.5b}$$

Hierbei bedeuten c_s den Öffnungsfehlerkoeffizienten der Objektivlinse, λ die Wellenlänge der Elektronenstrahlung, Δ die Defokussierung und u die Raumfrequenz, welche mit dem Beugungswinkel durch die Beziehung $\theta = \lambda u$ verknüpft ist. Nach Konvention bedeutet hier eine positive Defokussierung ($\Delta > 0$) eine Unterfokussierung und umgekehrt eine negative Defokussierung ($\Delta < 0$) eine Überfokussierung der Objektivlinse.

In der Theorie der Bildentstehung wird für den Phasenkontrast der Imaginärteil der gestreuten Welle und für den Amplitudenkontrast der Realteil kontrastbestimmend. Eine perfekte Phasenkontrastabbildung würde bedeuten, daß die Funktion $\sin\chi(u) = -1$ für alle Raumfrequenzen beträgt. Der jeweilige Wert der CTF gibt an, mit welcher Wichtung (Phase) die Raumfrequenz übertragen wird, d. h. welchen Beitrag sie zum Bildkontrast liefert. Eine Oszillation der Phasenkontrast-Übertragungsfunktion bedeutet Kontrastumkehr. Für ein Phasenobjekt ist die Kontrastübertragungsfunktion bei optimaler Defokussierung, dem sogenannten SCHERZER-Fokus, eine sin-Funktion mit einem breiten Übertragungsintervall gleichen Vorzeichens. Bei höheren Raumfrequenzen oszilliert diese Funktion, d. h. es erfolgt eine Phasendrehung. Dies bedeutet, daß durch Elektronen, die unter größeren Winkeln gestreut werden, Artefakte in der Abbildung auftreten. In der elektronenmikroskopischen Praxis, d. h. unter teilkohärenten Beleuchtungsbedingungen, führen Faktoren wie die Schwankungen der Linsenströme und der Beschleunigungsspannung (zeitliche Kohärenzbedingungen) ebenso wie die endliche Energiebreite der Strahlelektronen (räumliche Kohärenzbedingungen) zu einer Fokusunschärfe (Fokustiefe) und damit zu einer Dämpfung der Kontrastübertragungsfunktion bei höheren Raumfrequenzen, welche durch Enveloppenfunktionen beschrieben werden. Für die Kontrastübertragungsfunktion bedeutet dies eine Modifizierung in folgender Weise:

$$C_m(u) = C(u) \cdot F_1[c_c(\Delta V, \Delta I)] \cdot F_2[\alpha_B]. \qquad (2.6)$$

In Gleichung (2.6) sind c_c die chromatische Aberration (Farbfehlerkoeffizienten) der Objektivlinse, ΔI und ΔV die Schwankungen der Linsenströme und der Beschleunigungsspannung und α_B die Beleuchtungsapertur (eine detaillierte Behandlung der Enveloppenfunktionen erfolgt in Kap. 3.1.).

In Abbildung 7 sind für zwei Defokussierungswerte Phasenkontrast-Übertragungsfunktionen (Imaginärteile der CTF) eines kommerziellen Hochauflösungs-Elektronenmikroskops dargestellt, wobei der Einfluß der Enveloppenfunktion F_1 und F_2 berücksichtigt wurde. Die untere Kurve der Abbildung 7 zeigt, daß für vorgegebene Gerätekonstanten optimale Defokussierungen (Δ = 80 nm) ge-

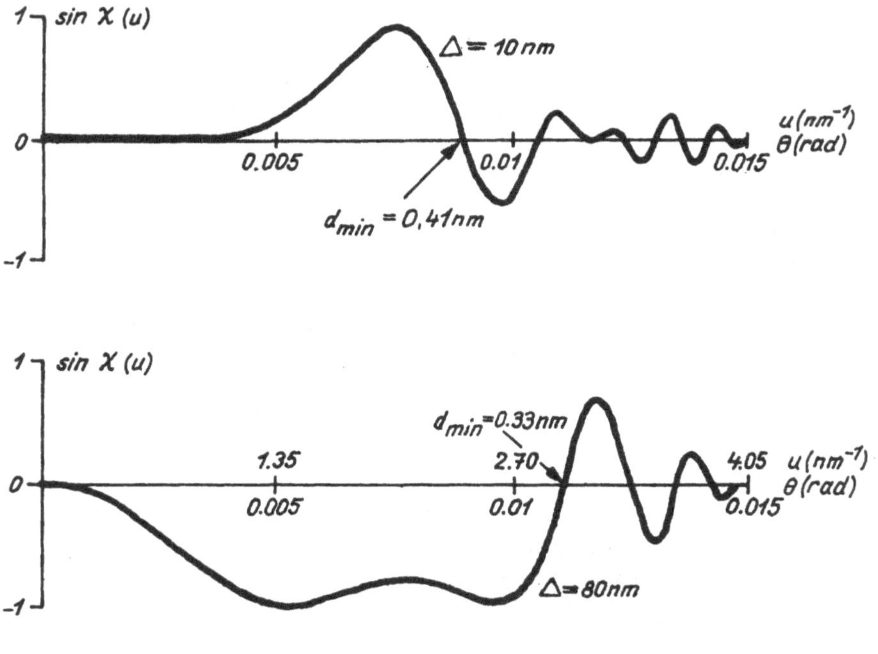

Abb. 7. SCHERZERsche Phasenkontrast-Übertragungsfunktion für axiale Beleuchtung. Abbildungsparameter: λ = 3,7 pm, c_s = 1,4 mm, c_c = 1,4 mm; $\Delta V = 2 \cdot 10^{-6}$, $\Delta I = 10^{-6}$

wählt werden können. Die Übertragungsfunktion weist ein breites Übertragungsintervall mit gleichem Vorzeichen auf (sin $\chi(u) \approx -1$). Aus der Form der Übertragungsfunktion lassen sich Aussagen über die Auflösung treffen. Die „interpretierbare Auflösung" – exakt gültig für Phasenobjekte – ist durch den ersten Nulldurchgang der Übertragungsfunktion unter optimaler Defokussierung gegeben und beträgt in der Abbildung $d \approx 0{,}33$ nm. Bei der Abbildung kristalliner Proben ist zusätzlich zu beachten, daß das Beugungsdiagramm nur diskrete Raumfrequenzen in Form der Reflexe enthält. Es können somit solche Abbildungsbedingungen eingestellt werden, daß die den einzelnen Beugungswinkeln zugeordneten Wellen gleiche Übertragungscharakteristika aufweisen, obwohl in den Raumfrequenzlücken bereits Oszillationen auftreten (sogenannte aberrationsfreie Fokusbedingung (AFF); s. hierzu Kap. 3.1.).

Die „Geräteauflösung" ist durch einen Abfall der Dämpfungsenveloppe auf 15 % bestimmt und gilt gleichzeitig als Informationsgrenze, d. h. jenseits dieser Grenze ist auch mit den Mitteln der Bildverarbeitung (z. B. Entfaltungsoperationen) keine zusätzliche Objektinformation zu gewinnen (s. hierzu [60]). Es sei darauf hingewiesen, daß strikt zwischen diesen beiden genannten Auflösungskriterien und dem oftmals fälschlicherweise zur Charakterisierung der Geräteauflösung angewandten Begriff der Netzebenenauflösung unterschieden werden muß. Bei der Netzebenenabbildung werden nur einige wenige (oftmals nur zwei) Raumfrequenzen übertragen. Damit ist die maximal erreichbare „Netzebenenauflösung" eines Gerätes eigentlich nur ein Maß für die Güte der mechanischen und magnetischen Stabilität und der Kohärenz der Beleuchtungsbedingungen.

Die in der HREM-Abbildung erreichbare Auflösung ist natürlich ebenso stark von den Streueigenschaften des zu untersuchenden Objektes bestimmt. Je kleiner die abzubildenden Objektdetails sind, um so höher ist die für den Abbildungsprozeß notwendige Strahlendosis, der das Objekt ausgesetzt ist. Als Folge der erhöhten Strahlendosis ist mit einer Objektschädigung bzw. dessen Zerstörung (Strahlenschäden) zu rechnen. Der Zusammenhang zwischen Auflösung (d) in nm und Bildkontrast (K) kann mit Hilfe der ROSE-Gleichung [61] abgeschätzt werden:

$$K \cdot d \geqslant 5/\sqrt{n}. \tag{2.7}$$

Hierbei gibt n die Anzahl der pro Flächeneinheit 1 nm^2 einfallenden Elektronen an. Die ROSE-Gleichung verdeutlicht die Reziprozität von Auflösung und Kontrast. Eine höhere Auflösung bei gleichbleibendem Kontrast kann nur erreicht werden, wenn die Anzahl der auf die Probe treffenden Elektronen wächst. Damit wird in vielen Fällen die kritische Strahlendosis, die zur Zerstörung der Probe führt, überschritten. Grundlegende Prozesse der Strahlenschädigung sind die sogenannte Anregungsschädigung (Anregung der Elektronen bzw. Ionisation) und die Verlagerungsschädigung, bei der die hochenergetischen Strahlelektronen Objektatome aus ihren ursprünglichen Plätzen herausschlagen („displacement damage"). Der Grad der Strahlenschädigung hängt von zahlreichen Parametern wie vom Chemismus der Probe, der Probendicke und der Abbildungsart ab. Die faktische Auflösungsgrenze in Abhängigkeit von der Ionisierungsdosis wurde von SCHERZER [62] für verschiedene Abbildungsarten berechnet (für eine detaillierte Beschreibung der theoretischen Grundlagen hierzu s. z. B. [63–66]). Mit dem Problem der Strahlenschädigung von Objekten ist das Problem des Rauschens gekoppelt. Der Probenkontrast wird durch den Einfluß des Rauschens gestört (s. hierzu Kap. 5.1.), das sowohl durch statistische Schwankungen des Elektronenstroms, durch die Kornverteilung der Photoplatte oder etwa eine Überlagerung von FRESNEL-Streifen bei dicken Objekten (sogenanntes Strukturrauschen) verursacht werden kann. Die Sichtbarkeit der Bilddetails wird durch das Signal/Rauschverhältnis charakterisiert, auf das auch die ROSE-Gleichung (2.7) Bezug nimmt. Um eine Hochauflösungsaufnahme mit beobachtbarem Kontrast zu erzielen, ist ein ausreichendes Signal/Rauschverhältnis notwendig, welches aber in vielen Fällen eine Elektronendosis erfordert, die zu einer Zerstörung der Probe führt. Deshalb ist es verständlich, daß Methoden zur Reduzierung der Strahlenschädigung einerseits und Verfahren zur Verbesserung des Signal/Rauschverhältnisses andererseits gleichermaßen entwickelt und angewandt werden. Die Methoden zur Reduzierung der Strahlenschädigung umfassen neben speziellen Präparationstechniken, die sogenannte Schwachdosis-Technik („low dose technique") ebenso wie Verfahren der Bildverarbeitung (Bildakkumulationstechniken von statistisch verrauschten Bildern, „SNAP-shot technique: statistically noisy averaged pictures") und auch die Anwendung von Bildverstärkersystemen (s. z. B. [67–74]).

2.3. Bildinterpretation von HREM-Aufnahmen

Die Entschlüsselung der mit den verschiedenen Abbildungstechniken der Hochauflösungs-Elektronenmikroskopie erzielbaren Information über den strukturellen Aufbau der Objekte in atomaren bzw. molekularen Dimensionen ist nur dann möglich, wenn die grundlegenden Zusammenhänge der einzelnen Schritte des Abbildungsprozesses vom Wechselwirkungsprozeß Elektronenstrahl–Probe über den eigentlichen elektronenoptischen Abbildungsvorgang bis hin zur photographischen Aufzeichnung vollständig verstanden und theoretisch beschreibbar sind. Für eine detaillierte Interpretation der elektronenmikroskopischen Hochauflösungsabbildung gibt es wegen der Vielzahl der Einflußgrößen bei der Bildentstehung keine einfachen und allgemeingültigen Standardregeln zur Deutung des Bildkontrastes, wie dies für den Fall der Beugungskontrastabbildung häufig gegeben ist. In den meisten Fällen sind aufwendige Bildsimulationen für die Interpretation bzw. bereits für die Bestimmung geeigneter, experimenteller Parameter notwendig. Unter Bildsimulation wird dabei die numerische Bestimmung der Intensitäten eines vollständigen Bildes und ihre graphische Darstellung in Form von Halbtonbildern verstanden. Für eine korrekte Interpretation einerseits, und um andererseits den Aufwand der Simulationsrechnungen auf ein Minimum zu beschränken, ist die möglichst exakte Kenntnis der folgenden Parameter Voraussetzung: die Beschleunigungsspannung V, die sphärische und chromatische Aberration der Objektivlinse c_s, c_c, die Defokussierungswerte Δ, die Größe der Objektivaperturblende α, die Probenorientierung und die Probendicke t. Um Abbildungen mit einer Auflösung im atomaren Bereich zu erzielen, müssen die zu untersuchenden Proben hinreichend dünn sein ($t \leqslant 20$ nm). Bei dicken Proben wird der Bildkontrast und die Auflösung durch elastische und unelastische Mehrfachstreuprozesse sowie durch Absorption verschlechtert. Deshalb ist für die Aufzeichnung korrekter Strukturabbildungen im allgemeinen eine theoretische Abschätzung der geeigneten Probendicken unumgänglich.

Die verschiedenen Quellen, die Artefakte in der elektronenmikroskopischen Hochauflösungsabbildung hervorrufen und damit zu einer Fehlinterpretation Anlaß geben können, sind in Tabelle 1 aufgeführt.

Tabelle 1
Quellen der Fehlinterpretation von HREM-Aufnahmen

- Unsicherheiten bei der Bestimmung der Geräteparameter (Linsenaberrationskoeffizienten c_c, c_s, Strahldivergenz, Defokussierung) und der Probenparameter (Dicke, Orientierung)
- Einfluß dynamischer Streueffekte (einschließlich unelastischer Streuprozesse)
- Einfluß der Oberflächenstruktur der Probe (Stufen, Spannungen)
- lokale Verbiegungen der Probe im Elektronenstrahl
- Strahlenschäden
- Kristalldefekte, bei denen die Atomverschiebungen längs der Projektion variieren
- Unsicherheit bei der Bestimmung von die Oberfläche durchstoßenden Defekten („end-on"-Defekte)

In vielen Fällen erfordert die strukturelle Charakterisierung die Anwendung zusätzlicher elektronenoptischer Techniken, wie beispielsweise Beugungsmethoden, Verfahren der analytischen Elektronenmikroskopie und der Beugungskontrastabbildung. Die Anwendung der Methoden der Bildverarbeitung ist gleichermaßen für die Erkennung und Korrektur von Artefakten und die detaillierte Interpretation von HREM-Abbildungen erforderlich. Dabei werden sowohl kohärent-optische Verfahren (optische Beugung und Filterung, holographische Techniken) als auch Verfahren der digitalen Bildverarbeitung (Bildwiederherstellung, Bildverbesserung, Bildanalyse) eingesetzt, um optimale Aussagen über das zu untersuchende Objekt zu gewinnen (s. hierzu Kap. 5.). Das wohl am häufigsten angewandte Verfahren zur Auswertung und zur Vermeidung von Fehlinterpretationen ist der Vergleich der experimentellen Aufnahmen mit computersimulierten Hochauflösungsabbildungen. Dabei wird unter Variation des Modells der vorliegenden Struktur einschließlich enthaltener Defekte und aller freien Parameter die Simulationsprozedur so lange wiederholt, bis eine hinreichende Übereinstimmung zwischen experimenteller und berechneter Aufnahme besteht („image matching technique"). In Abhängigkeit von den experimentellen Bedingungen muß das Berechnungsverfahren sowohl den Einfluß des Abbildungsprozesses als auch des Wechselwirkungsprozesses Elektronenstrahl–Objekt berücksichtigen. Es existieren verschiedene Berechnungsverfahren, die sich bezüglich der verwendeten Näherungen und damit in der Anzahl der berücksichtigten Parameter und im numerischen Aufwand beträchtlich unterscheiden. Die wichtigsten zur Berechnung von Hochauflösungsaufnahmen verwendeten Verfahren sind: die Methode der projizierten Ladungsdichte [75], die kinematische Näherung [76], die Phasengitter-Näherung [75, 77] und dynamische N-Strahl Verfahren (die Formulierung der Streugleichungen erfolgt dabei entweder im Realraum oder im reziproken Raum unter Verwendung verschiedener Näherungsverfahren s. z. B. [78–80]). Der Typ der Näherung, der eine korrekte Interpretation der Vielstrahlabbildungen ermöglicht, ist sowohl von den Abbildungsbedingungen (Auflösung, Einfluß von Mehrfachstreuung) als auch von der zu untersuchenden Kristallstruktur abhängig. Die Methoden zur Berechnung von HREM-Abbildungen sind in ihrer Anwendbarkeit nicht auf den ungestörten Kristall beschränkt, sondern können ebenso zur Strukturaufklärung von Kristalldefekten angewandt werden (für eine detaillierte Beschreibung der Simulationsverfahren und deren Anwendung s. Kap. 3. und 4.).

3. Methoden zur Berechnung und Simulation der Hochauflösungsabbildung

Die Modellierung der Hochauflösungsabbildung kristalliner und amorpher Proben dient der exakten Interpretation experimentell vorliegender Ergebnisse, wobei in der Mehrzahl der Fälle simulierte Halbtonbilder im Sinne der in Abschnitt 2.3. beschriebenen „image-matching" Technik benutzt werden. Neben diesen Methoden der sukzessiven Annäherung gerechneter HREM-Abbildungen an die vorliegenden experimentellen Aufnahmen erlaubt eine geeignete mathematische Beschreibung des elektronenmikroskopischen Hochauflösungsprozesses die Vorausberechnung kritischer Proben- bzw. elektronenoptischer Kenngrößen und somit eine Rückwirkung auf Präparation (Probendicke, Probenorientierung) und das praktische Arbeiten am Mikroskop (Defokussierung, Kippung, Aperturblende). Auf diese Weise lassen sich die Experimente so planen, daß optimale Bedingungen für die durchzuführenden Untersuchungen angestrebt werden.

Die Verfahren zur Modellierung der elektronenmikroskopischen Hochauflösungsabbildung müssen zwei Prozesse betrachten:

I. den Wechselwirkungsvorgang zwischen dem einfallenden Elektronenstrahl und der kristallinen Probe
II. den elektronenoptischen Abbildungsprozeß, d. h. die Übertragungseigenschaften und Fehler des Elektronenmikroskops.

Jeder dieser beiden Schritte kann mit unterschiedlichen Approximationen und mathematischem Aufwand behandelt werden. Zur Berechnung der Streuung der Elektronen am Potential eines Kristallgitters ist es üblich, die kinematische oder dynamische Theorie der Elektronenbeugung zu verwenden. In der dynamischen Theorie, die 1928 von BETHE [81] publiziert und später von vielen Autoren (siehe die Übersichten [82–84]) weiter entwickelt wurde, wird die SCHRÖDINGER-Gleichung für ein Elektron im Potentialfeld eines unendlich ausgedehnten (perfekten) Kristalls gelöst. Diese Lösung besteht in der Transformation der SCHRÖDINGERschen Differentialgleichung in ein Eigenwertsystem für die Amplituden und Ausbreitungsvektoren der Kristallwellenfelder, welche die Grundgleichungen der dynamischen Theorie der Elektronenbeugung darstellen. Man spricht auch von Dispersionsflächen-Gleichungen, weil die zum Eigenwertproblem gehörende Säkular-Gleichung die möglichen Anregungspunkte der Wellenvektoren in Form der Dispersionsflächen bestimmt. Werden die aus den Grundgleichungen ableitbaren Lösungen unter Annahme idealisierter Grenzbedingungen zur Beschreibung endlich dicker Kristalle ermittelt, erhält man die EWALDsche Pendellösung.

Im Fall gestörter Kristalle muß das unendlich periodische Kristallpotential durch das elastische Verschiebungsfeld der Gitterdefekte modifiziert werden.

Durch dieses lokal gestörte Kristallpotential erhält man aus der SCHRÖDINGER-Gleichung Differentialgleichungssysteme zur Beschreibung der gebeugten Wellenfelder [32, 33]. Die numerische Auswertung dieser Differentialgleichungen wird als Simulation des Elektronenbeugungskontrastes bezeichnet [85–87].

Die bisher genannten Verfahren werten auf direktem Wege die Grundgleichungen der dynamischen Theorie bzw. die aus der SCHRÖDINGER-Gleichung abgeleiteten Differentialgleichungen zur Beschreibung des Wechselwirkungsprozesses aus. In engem Zusammenhang dazu ist auch die Streumatrixtheorie [88] zu sehen, während Alternativformulierungen durch das Verfahren der GREENschen Funktionen [89], der semi-reziproken Behandlung [90] und der „multislice" Methode gegeben sind. Letzteres Verfahren, das 1957 von COWLEY und MOODIE [54] aus der klassischen Wellenoptik („wave optics approach") hergeleitet wurde, stellt im Prinzip eine dynamische Behandlung der Elektronenbeugung des perfekten Kristalls im Fourierraum dar. Mit Hilfe der Konstruktion von Pseudo-Elementarzellen („super cell" mit „periodic continuation" des Kristalldefektes) sind auf diese Weise Kontrastberechnungen auch für gestörte Kristalle in sehr effektiver Form möglich. Auf diese Verfahren der dynamischen Theorie (direkte oder „multi-slice") wird im Abschnitt 3.2.1. einschließlich ihrer numerischen Realisierung detailliert eingegangen.

Die kinematische Theorie der Elektroneninterferenzen stellt eine weitergehende Näherung der SCHRÖDINGER-Gleichung dar, wodurch der numerische Aufwand zur Beschreibung der konkreten Beugungssituation verringert wird. Sie erweist sich als die erste Näherung bezüglich der Störungsentwicklung des Kristallpotentials und erfaßt daher nicht den wechselseitigen Energieaustausch zwischen den einzelnen abgebeugten Strahlen. Dabei muß vorausgesetzt werden, daß die Amplituden der gebeugten Strahlen klein gegen die einfallende Welle sind, was nur bei hinreichend dünnen Proben erfüllt ist. Auch eine wellenoptische Herleitung führt zu dieser Näherung, wenn die Probe als ein zweidimensionales Beugungsgitter entsprechender Dicke angenommen wird. Weitere Vereinfachungen, die den Gültigkeitsbereich bezüglich der Dicke der kristallinen Proben einschränken, führen zu den im Abschnitt 2.2. genannten Näherungen. Diese Näherungen, die kinematische Theorie der Elektronenbeugung und ihre numerische Anwendungen werden im Abschnitt 3.2.2. beschrieben.

Nach der Kenntnis der Wellenfunktion an der Probenaustrittsseite durch Modellierung des Wechselwirkungsprozesses erfordert gerade die Abbildung unter Hochauflösungsbedingungen die Berücksichtigung der realen Übertragungseigenschaften des Elektronenmikroskops im zweiten Berechnungsschritt. Wie bereits im Abschnitt 2.2. gezeigt wurde, ist der elektronenoptische Abbildungsprozeß durch zwei aufeinanderfolgende Beugungsvorgänge zu beschreiben, die mathematisch Fourier-Transformationen entsprechen. Dabei wird eine Kontrastübertragungsfunktion angewandt, die die Wellenaberrationen als Ergebnis des Öffnungsfehlers und der Defokussierung betrachten. Einzelheiten hierzu und die numerische Behandlung dieses zweiten Berechnungsabschnittes werden in Abschnitt 3.1. angegeben. Für den Gesamtvorgang der Bildmodellierung werden die beiden genannten Schritte, d. h. die verschiedenen Näherungen zur Wechselwirkung Elektronenstrahl–Probe (I), mit dem Fourier-Formalismus, der den realen Abbildungsvorgang durch mehr oder weniger aufwendige Übertragungsfunktionen beschreibt (II), kombiniert.

Der Grad der Approximation und damit der oft erhebliche rechentechnische Aufwand hängen von den experimentellen Gegebenheiten ab. Wichtige Kenngrößen sind: die Größe der Elementarzelle, das Vorhandensein von Kristallstörungen, die Probendicke und Orientierung (I), sowie die Auflösung im elektronenmikroskopischen Bild (II), die u. a. mit Hilfe der optischen Beugung bestimmt werden kann.

3.1. Theoretische Grundlagen und numerische Behandlung des elektronenmikroskopischen Abbildungsprozesses

Aufbauend auf den im Kapitel 2. dargestellten Grundlagen der Hochauflösungs-Elektronenmikroskopie erfolgt in diesem Abschnitt eine ausführliche Diskussion der zur Modellierung des elektronenoptischen Abbildungsprozesses notwendigen mathematischen Berechnungsschritte. Dabei werden die gerätetechnischen Parameter und Anforderungen eingearbeitet. Hochauflösungs-Elektronenmikroskope, die meistens mit einer Beschleunigungsspannung um 100 kV (λ = 3,7 pm) betrieben werden, arbeiten mit 3–4 Elektronenlinsen im Abbildungsstrahlengang: der Objektivlinse, Zwischenlinsen (eine oder zwei) und dem Projektiv. Die Zwischen- und die Projektionslinsen haben im allgemeinen kaum Einfluß auf Kontrastphänomene und Abbildungsfehler, da die elektro-magnetischen und mechanischen Anforderungen an die Objektivlinse um ein Wesentliches höher sind. Die auflösungsbegrenzenden Faktoren sind der Öffnungsfehler der Objektivlinse (c_s: 0,7 mm – 2,0 mm), die Stabilität von Beschleunigungsspannung und Linsenströmen, sowie die Kohärenz des Beleuchtungssystems. Aus der Tatsache heraus, daß der sphärische Fehler des Objektivs für Auflösungen unter 1 nm prinzipiell zu Aberrationen führt, folgt die Notwendigkeit der detaillierten mathematischen Behandlung der Kontrastübertragung unter Hochauflösungsbedingungen.

Der in Abschnitt 2.2. kurz eingeführte Fourier-Formalismus, der den Abbildungsvorgang, ausgehend von der Objektwellenfunktion durch zwei aufeinanderfolgende Beugungsvorgänge – mathematisch Fourieranalyse und Fouriersynthese äquivalent – beschreibt, wird deshalb zunächst begründet. Für diese Betrachtungen liegt durchgängig das Konzept der FRESNELschen Kleinwinkelnäherung bzw. die Linearität des Abbildungsvorganges zugrunde. FRESNELsche Kleinwinkelnäherung bedeutet, daß die in der FRESNEL-KIRCHHOFFschen Beugungsformel [34], die allgemein als Grundgleichung zur Beschreibung wellenoptischer Vorgänge gilt, angenommenen Kugelwellen durch Paraboloide (Abbruch der entsprechenden Reihenentwicklung nach dem quadratischen Glied) genähert werden. Das ist möglich, weil die Winkel zwischen der optischen Achse des Elektronenmikroskops und den abgebeugten Strahlen, bestimmt durch das Verhältnis der Wellenlänge λ zur Objektperiode d, im Bereich von 10 mrad liegt. Diese gut begründete Vereinfachung führt zur Anwendung ebener Funktionen, die den Einfluß optisch wirksamer Elemente im Strahlengang (z. B. Linsen, Blenden, Transmissionsfunktionen) wiedergeben und zu davon unabhängigen Operatoren, die die Wellenausbreitung beschreiben. Die daraus folgende mathematische Entkopplung der einzelnen Schritte des Abbildungsvorganges ist dabei auch das Ergebnis von dessen Linearität. Bei der den Abbildungsvorgang somit beschreibenden Folge von mathematischen Operationen handelt es sich, wie aus der Beugungstheorie für die quadratische FRESNEL-Näherung folgt, um die Multiplikation mit Transmissionsfunktionen und um die Faltung mit Ausbreitungsfunktionen [17, 48]. Die elektronenmikroskopische Abbildung einer als bekannt angenommenen Probenfunktion $\Phi_0(x)$ durch eine Objektivlinse mit der Brennweite f unter Berücksichtigung der Defokussierung Δ läßt sich durch folgende Abbildungsgleichung (3.1) beschreiben:

$$\Psi(x) = \left\{ \left[\left(\Phi_0(x) * \exp\left(-\frac{ikx^2}{2\Delta}\right)\right) * \exp\left(-\frac{ikx^2}{2z}\right)\right] \cdot \exp\left(\frac{ikx^2}{2f}\right)\right\} * \exp\left(-\frac{ikx^2}{2z_i}\right). \qquad (3.1)$$

Objekt-funktion	Defokus-term	Weg zur Linse	Linse	Weg zur Beobachtungsebene

(Siehe hierzu, sowie für die folgende Diskussion, Abbildung 6. Aus Darstellungsgründen wird die Herleitung eindimensional gegeben, und obwohl es sich um Wellenoptik handelt, wird sie mit Hilfe eines „ABBE-Diagramms" aus der Strahlenoptik verdeutlicht.) Die hier angenommene ebene Beleuchtungswelle Ψ mit der Amplitude 1 wird mit der Objekttransmissionsfunktion der Probe $\Phi_0(x)$ multipliziert. Im Fall kristalliner Objekte kann $\Phi_0(x)$ z. B. durch die Wellenfunktion an der Probenaustrittsseite dargestellt werden. Der Defokussierungsterm ist als eine Ausbreitungsfunktion für die durch Δ definierte Entfernung als Faltung formuliert; die Ausbreitung bis zur (als dünn) vorausgesetzten Linse wird durch den dritten Operanden beschrieben. Die Linsentransmissionsfunktion, ein Faktor, ist so gebildet, daß eine einfallende ebene Welle im Brennpunkt f der Linse als eine δ-Funktion erscheint. Wird in der letzten Ausbreitungsfunktion von Gleichung (3.1) z_i variiert, können Wellenfunktionen sowohl für die Beugungsebene $z_i = f$ als auch für die Abbildung – bei Erfüllung der Linsengleichung – berechnet werden. Die Lösung dieser Abbildungsgleichung führt unter mehrfacher Anwendung des Faltungstheorems der Fourier-Transformation (zunächst unter der Annahme $\Delta = 0$) zu dem Ergebnis, daß $\Psi_0(x)$, $\Psi_d(u)$ und $\Psi_i(x)$ durch Fourier-Transformation ineinander überführt werden können [91]. Gleichzeitig erhält man dabei die Skalierungen der Argumente der Funktionen Ψ_0, Ψ_d und Ψ_i zueinander. Für das FRAUNHOFERsche Beugungsbild gilt wegen $z_i = f$ in (3.1):

$$\Psi_d \left(\frac{x}{\lambda f}\right) = F\,[\Psi_0(x)]. \qquad (3.2)$$

In der GAUSSschen Bildebene erhält man mit $\frac{1}{z} + \frac{1}{z_i} = \frac{1}{f}$:

$$\Psi_i \left(-\frac{z}{z_i}\,x\right) = F^{-1}\left[\Psi_d \left(\frac{x}{\lambda f}\right)\right]. \qquad (3.3)$$

Für die ausführliche Ableitung dieser Beziehungen zur Beschreibung des elektronenoptischen Abbildungsprozesses sei auf [48] verwiesen.

Die defokussierte Abbildung ($\Delta \neq 0$) liefert bei einer Anwendung des Faltungstheorems auf den Defokusterm von Gleichung (3.1) ein Phasenglied zweiter Ordnung für die Wellenfunktion der Beugungsebene. Die zusätzliche Betrachtung der sphärischen Aberration [59] ergibt die komplette SCHERZERsche Kontrastübertragungsfunktion, mit der die Beugungsbildwellenfunktion vor der Fouriersynthese modifiziert wird, wie in Kapitel 2.2. vorausgesetzt wurde. Wird darüber hinaus die binäre Aperturfunktion $A(\alpha)$ eingeführt, ist der vollständige Formalismus aus Kapitel 2.2. begründet.

Die SCHERZERsche Kontrastübertragungsfunktion beschreibt die elektronenoptische Phasenverschiebung als eine Funktion des Beugungswinkels θ, wobei die Wellenlänge λ, die Defokussierung Δ und die sphärische Aberration c_s berücksichtigt werden. Die Übertragungsfunktion muß an das Raumfrequenzspektrum (im kristallinen Fall an die Beugungswinkel) der abzubildenden Probe angepaßt werden, was in der Praxis durch Defokussierung geschieht. Die Methoden zur Optimierung des Fokus hängen stark von der Art des Objekts ab (siehe graphische Darstellungen in Abbildung 8 und 9). Die Art des von der Probe erzeugten Beugungsbildes (kontinuierliches Spektrum bei amorphen Proben, einzelne Reflexe mit diskreten Beugungswinkeln bei Kristallen) und die Anforderungen an die Auflösung bestimmen, ob die Nähe des SCHERZER-Fokus oder im Fall von Kristallen kleiner Elementarzellen ein aberrationsfreier Fokus (AFF) zur Strukturabbildung (siehe graph. Beispiele) geeignet sind.

Die allgemeine Kontrastübertragungsfunktion (siehe Gleichung (2.6) in Kapitel 2.2.) berücksichtigt zusätzlich die räumliche Kohärenz, die im wesentlichen durch das Beleuchtungssystem (α_B – Beleuchtungswinkel) vorgegeben ist, und die zeitliche Kohärenz, d. h. die chromatischen Aberrationen (c_c – Koeffizient der chromatischen Aberration, ΔV – Stabilität der Beschleunigungsspannung, ΔI – Stabilität des Objektivlinsenstromes) im Elektronenmikroskop, die im Experiment die Auflösung einschränken:

$$\text{CTF: } \exp\left\{-\frac{2\pi i}{\lambda}\left[\frac{\Delta}{2}\,\theta^2 - \frac{c_s}{4}\,\theta^4\right]\right\} \cdot F_1[c_c(\Delta V, \Delta I)] \cdot F_2[\alpha_B], \qquad (3.4)$$

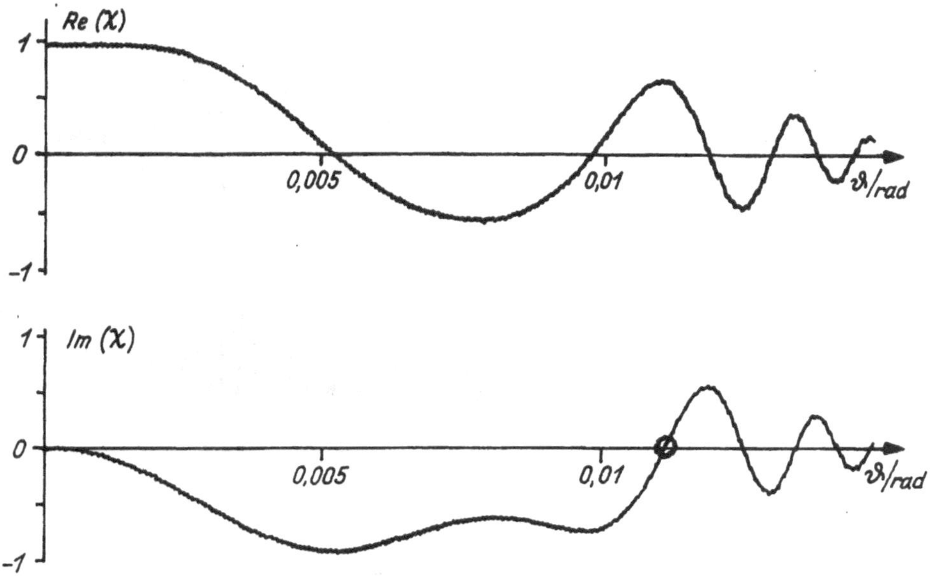

Abb. 8. Kontrastübertragungsfunktion (SCHERZER-Fokus)
Parameter: λ = 3,7 pm, c_s = 1,4 mm, Δ = 87 nm; δf = 10 nm

mit $\theta = u \cdot \lambda$.
Die Terme $F_1(c_c)$ und $F_2(\alpha_B)$ wirken als Enveloppenfunktion und verschieben nicht die Perioden der Kontrastübertragungsfunktion. Das ist gleichbedeutend mit einer Unschärfe der Defokussierung („defocus spread" δf), die die Übertragungscharakteristik für hohe Raumfrequenzen begrenzt:

$$\delta f = c_c \sqrt{\left(\frac{\Delta V}{V}\right)^2 + \left(\frac{2\Delta I}{I}\right)^2}\,. \tag{3.5}$$

Bei Hochauflösungs-Elektronenmikroskopen liegt die Stabilität der Beschleunigungsspannung und des Linsenstromes in der Größenordnung 10^{-6}, die Beleuchtungsapertur ist etwa 10^{-4} rad. Die resultierende Fokustiefe liegt bei Berücksichtung der chromatischen Aberration und der Strahldivergenz im Bereich von 2–10 nm. Die Möglichkeit, die partielle Kohärenz sowohl als eine Enveloppe der Kontrastübertragungsfunktion (siehe Abbildungen 8, 9) im Fourierraum als auch in Form einer endlichen Fokustiefe im Bildraum zu beschreiben, bietet zwei verschiedene Verfahren zur mathematischen Behandlung dieser Parameter. TANAKA und JOUFFREY [92] haben Methoden, bei denen die Apertur bzw. Enveloppe auf verschiedene Weise modifiziert wird, sowie Verfahren, die ganze

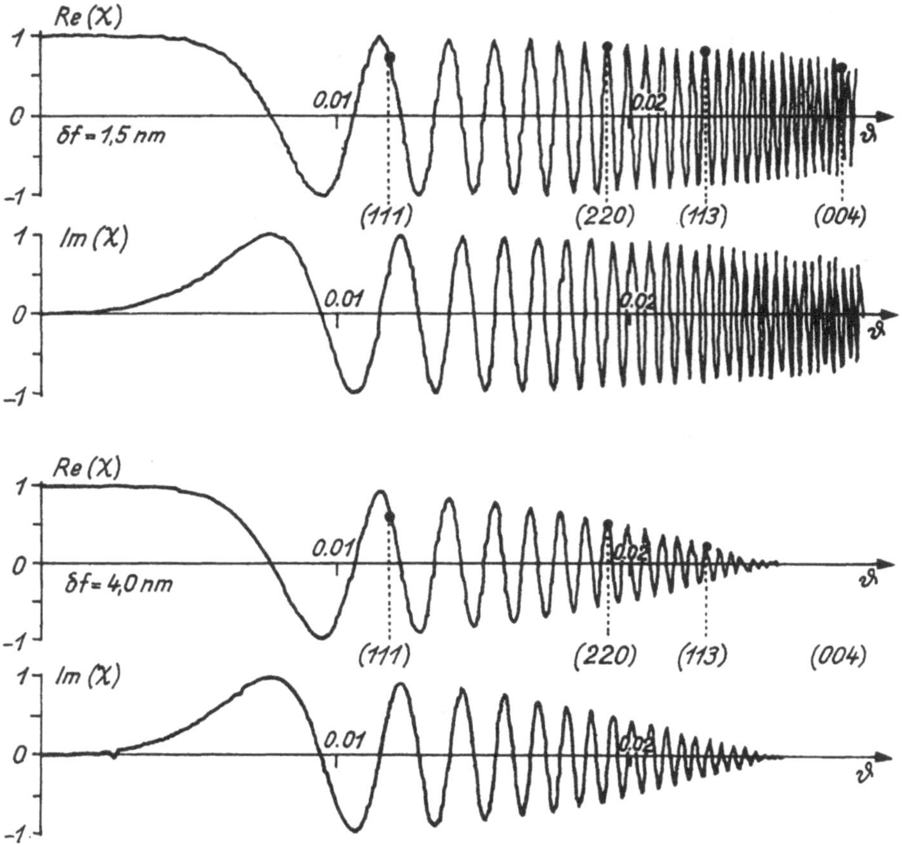

Abb. 9. Kontrastübertragungsfunktion (AFF) für verschiedene Fokustiefen δf
Parameter: λ = 3,7 pm, c_s = 0,7 mm, Δ = −8,7 nm
a) δf = 1,5 nm, b) δf = 4 nm

Abbildungsreihen verknüpfen, wobei u. a. die räumliche Kohärenz (α_B) durch eine Variation der Einstrahlungsrichtung innerhalb des Beleuchtungskegels Berücksichtigung findet, verglichen. Detaillierte Untersuchungen zu den Envelopen der Kontrastübertragungsfunktion bzw. für verschiedene Formen der Unschärfeverteilung der Defokussierung (sinusförmig, Gaußverteilung, Rechteckverteilung) wurden von HANSSEN und TREPTE [93] sowie von FRANK [94] durchgeführt. Auf Grund des aufwendigen mathematischen Apparates (es sind Faltungen mit Besselfunktionen durchzuführen, die selbst wiederum komplizierte Argumente haben), beschränkt man sich üblicherweise auf eine Mittelung der Bildintensität $I = |\Psi(x, y, \Delta)|^2$ über eine definierte Fokustiefe δf der Defokussierung $(\Delta - \delta f, \Delta + \delta f)$.

Um den numerischen Aufwand bei der Bildintensitätsmittelung zu reduzieren, leiteten FEJES und COWLEY [17, 95] eine synthetische Aperturfunktion her, die die Notwendigkeit über eine Serie von komplett berechneten Abbildungen zu summieren, numerisch vorteilhaft zusammenfaßt:

$$F_1 \cdot F_2 \overset{!}{=} \exp\left\{-\frac{1}{2}\pi^2\lambda^2\delta f^2 u^4\right\}. \qquad (3.6)$$

δf: Standardabweichung der Defokussierung

Diese Methode zur Berücksichtigung der chromatischen Aberration und der Teilkohärenz in Form der Fokustiefe δf in Gleichung (3.6) wird in den meisten Computerprogrammsystemen zur Modellierung der Hochauflösungsabbildung angewandt.

Die in diesem Abschnitt behandelten Größen, die die Auflösung und Kohärenz bestimmen, sind für die theoretische Behandlung des Abbildungsprozesses entweder direkt aus den Geräteparametern zugänglich, oder sie können experimentell, z. B. durch Elektronenbeugung, bestimmt werden. Praktische Bedeutung hat bei den heute sehr gut stabilisierten Elektronenmikroskopen in jedem Fall die routinemäßige Bestimmung geeigneter Defokussierungen, weil sie den Kontrast wesentlich beeinflussen. Dies kann z. B. durch optische Beugung an elektronenmikroskopischen Defokussierungsserien amorpher Objektfolien (siehe Kap. 5.2.2.) beobachtet werden. Einfache Computerprogramme sind geeignet, die Kontrastübertragungsfunktion zu zeichnen und erlauben somit, die Defokussierung für ein vorliegendes Probenmaterial zu optimieren. Abbildung 8 zeigt eine geplottete Kontrastübertragungsfunktion, wobei folgende Parameter berücksichtigt werden: Wellenlänge λ, Defokussierung Δ, sphärische Aberration c_s; chromatische Aberration c_c, Konstanz der Beschleunigungsspannung ΔV und des Linsenstromes ΔI; Fokustiefe δf. In dieser Darstellung sind der Realteil und der Imaginärteil der Kontrastübertragungsfunktion berechnet für $\lambda = 3{,}7$ pm (100 kV), $c_s = 1{,}4$ mm, $\Delta = 87$ nm; $\delta f = 10$ nm. Der aktuelle Funktionswert der CTF, den man sich als Zeiger in der komplexen GAUSSschen Zahlenebene vorstellen kann, gibt als Funktion des Beugungswinkels die Phasenverschiebung für die jeweilige Raumfrequenz an. Der Fall des SCHERZER-Fokus ist gegeben, wenn für den Imaginärteil der CTF in einem maximalen Bereich von Beugungswinkeln gilt: $\sin(\chi) \approx -1$. Wenn für hinreichend dünne Proben davon ausgegangen wird, daß die Phasenverschiebung zwischen gebeugten und ungebeugten Strahlen $\pi/2$ ist (kinematische Beugungsbedingungen), so bestimmt der erste Nulldurchgang des Imaginärteils der CTF die erzielbare Auflösung. Die phasendrehende Wirkung des Öffnungsfehlers ist dann genau so eingestellt, daß gebeugte und ungebeugte Strahlen zu einer korrekten Amplitudeninterferenz in der Bildebene gelangen. Eine Kurvendiskussion von Gleichung (3.4) ergibt als Bedingung für den SCHERZER-Fokus

$$\Delta_s = \sqrt{\tfrac{4}{3}\, c_s \cdot \lambda} \qquad (3.7)$$

(c_s = 1,4 mm, λ = 3,7 pm, d. h. Δ_s = 87 nm).

Die dabei erzielbare Auflösung r, die im wesentlichen für amorphe Objekte und Kristalle mit sehr großer Elementarzelle von Bedeutung ist, beträgt (interpretierbare Auflösung):

$$r = 0.66 \sqrt[4]{c_s \cdot \lambda^3} \qquad (3.8)$$

(c_s = 1,4 mm, λ = 3,7 pm, d. h. r = 0,33 nm).

Völlig anders liegen die Anforderungen an die Kontrastübertragungsfunktion für die Abbildung von Kristallen mit kleiner Elementarzelle bei sehr hoher Auflösung. Da nur diskrete Raumfrequenzen, nämlich die Beugungsreflexe, mit definierten Phasenbeziehungen abgebildet zu werden brauchen, ist die Defokussierung für diese, und nur für diese, Beugungswinkel (jedoch bei höherer Auflösung) zu optimieren. In der Abbildung 9 sind computergezeichnete Kontrastübertragungsfunktionen für die Abbildung von (110)-orientiertem Silicium (Diamant-Zelle, a = 0,543 nm) mit einer Auflösung von 0,14 nm (siehe Abschnitt 4.1.) dargestellt. Diese Strukturabbildung, deren theoretische Auflösung erheblich unter der Punktauflösung des Elektronenmikroskops liegt, erfordert eine sehr hohe Stabilität des Elektronenmikroskops (c_C, ΔV, ΔI, α_B). Die stark oszillierenden Kontrastübertragungsfunktionen sind für Fokustiefen δf = 1,5 nm und δf = 4 nm berechnet. Für δf = 1,5 nm (obere Kurven) werden die Beugungsreflexe mit ausreichender Wichtung übertragen. Wenn die Stabilitätsparameter sich verschlechtern (δf = 4 nm) schließt die resultierende Enveloppenfunktion eine Übertragung der (004)-Reflexe aus und eine Strukturabbildung wird unmöglich. Die Kontrastübertragungsfunktionen in Abbildung 9 erfüllen die Bedingung des aberrationsfreien Fokus (AFF), das bedeutet, alle Reflexe, die abgebildet werden müssen, erhalten die gleiche Phasenverschiebung (bzw. Vielfache von 2π) durch das elektronenoptische System. (Üblicherweise wird cos (χ) = 1 angestrebt.) Damit werden die aus der Elektronenbeugung in der Probe resultierenden relativen Phasenbeziehungen und selbstverständlich die entsprechenden Intensitätsrelationen der Reflexe ohne zusätzliche „Aufpunktverschiebungen" einzelner Streifensysteme zur Interferenz gebracht. Zur Bestimmung des aberrationsfreien Fokus wird das Programm OPTDEF verwendet, das die Defokussierung für einen beliebigen Satz von Reflexen – innerhalb des Auflösungsbereiches – und die entsprechenden elektronenoptischen Parameter optimiert. Diese Vorausberechnung von geeigneten Defokussierungswerten ist sowohl für das praktische Arbeiten am Elektronenmikroskop als auch für die Modellierung der HREM-Abbildung wesentlich, da diese Parameteroptimierung ohne numerische Hilfe nicht mehr möglich ist. In Tabelle 2 werden die nach dem Computerprotokoll von OPTDEF gestalteten Ergebnisse für den Fall der Si(110)-Abbildung gezeigt. Der Algorithmus des Programms beruht auf der Auswertung der SCHERZERschen Kontrastübertragungsfunktion CTF (λ, Δ, c_s), die für den geforderten Satz von Reflexen ($^1/_d$-Spektrum) in ein Gleichungssystem überführt wird. Das charakteristische Defokussierungsverhalten (Nulldurchgänge, Perioden) der einzelnen Reflexe wird dabei auf gemeinsame Lösungen untersucht.

Im oberen Teil der Resultate sind die Defokussierungsänderungen aufgelistet, die für die korrespondierenden $^1/_d$-Werte der Reflexe (hkl) eine 2π-Phasenverschiebung hervorrufen. Zum Beispiel führt eine Fokusänderung von 10 nm zu einer Oszillationsperiode des (004)-Reflexes. Diese hier berechnete Fokusänderung ist nichts anderes als der numerische Beleg zur Begrenzung der Fokustiefe in der letzten Abbildung (Standardabweichung δf = 4 nm verhindert völlig die Übertragung des (004)-Reflexes). Im unteren Teil von Tabelle 2 sind alle Defokussierungswerte aufgelistet, die die AFF-Bedingung im gegebenen Limit erfüllen, die dazugehörigen Real- und Imaginärteile der Kontrastübertragungsfunktion sind angegeben.

Nach der hier erfolgten Behandlung des elektronenoptischen Abbildungsvorganges wird der Wechselwirkungsprozeß Elektronenstrahl—Probe betrachtet. Dabei

Tabelle 2
Berechnungen zum aberrationsfreien Fokus (AFF)

Beispiel: 13-Strahlabbildung von (110)-Silicium

Reflexe (hkl)		(111)	(220)	(113)	(004)
$u = {}^1/_d$ in nm^{-1}		3,189	5,208	6,107	7,366
Oszillationsperiode in nm		53,13	19,92	14,49	9,96
Defokus in nm		**Zugehörige Werte der CTF**			
+ 150,61	Cos	0,867	0,980	0,946	1,000
	Sin	0,499	-0,199	-0,324	0,000
- 8,73	Cos	0,870	0,978	0,942	1,000 •
	Sin	0,493	-0,210	-0,336	0,001
- 168,08	Cos	0,873	0,975	0,937	1,000
	Sin	0,487	-0,220	-0,348	0,000

liefern einige Methoden zur Berechnung der Wechselwirkung im Objekt die Wellenfunktion an der Probenaustrittsseite (z. B. Beugungskontrastberechnung an kleinen Defekten), während z. B. das „multi-slice"-Verfahren das dynamisch berechnete Beugungsbild im Fourierraum als Ergebnis hat. Dementsprechend setzt der Fourierformalismus des Abbildungsprozesses an der Objektfunktion bzw. deren Fourierspektrum in der Beugungsebene ein.

3.2. Theoretische Grundlagen und numerische Behandlung des Wechselwirkungsprozesses Elektronenstrahl–Probe

Werden nicht zu dicke Kristallfolien im Transmissionselektronenmikroskop untersucht, so entstehen durch die Wechselwirkung der Elektronen mit dem regelmäßigen Kristallgitter neben dem durchgehenden eine beträchtliche Anzahl gebeugter Strahlenbündel in definierten Richtungen. Die Berechnung der Amplituden der gebeugten Elektronenstrahlen gelingt im fehlerfreien Kristall mit der dynamischen Theorie der Elektroneninterferenzen [17, 81–84], wobei die Wellenfunktion durch die zeitfreie SCHRÖDINGER-Gleichung beschrieben wird und das Kristallpotential als gitterperiodische Funktion in einer Fourierreihe entwickelt werden muß. Voraussetzung für diese Beschreibung ist die Vernachlässigung der Wechselwirkung der Elektronen im einfallenden Elektronenstrahl sowie die Annahme, daß relativistische Effekte durch Korrektur der Elektronenmasse und der Wellenlänge genügend genau erfaßt werden. Darüber hinaus muß gewährleistet sein, daß Elektronen-, Plasmonen- oder Phononenanregungen, d. h. inelastische Prozesse, durch das Konzept des imaginären Kristall-Potentials in der Einelektronennäherung hinreichend berücksichtigt werden [96–98]. Diese pauschale Berücksichtigung von Absorptionsprozessen ist in dünnen Folien wegen der geringen Zahl durch die Objektivblende hindurchtretender inelastischer Elektronen sicherlich gerechtfertigt.

3.2.1. Dynamische Theorie der Elektroneninterferenzen

Grundlage für die Behandlung des Wechselwirkungsprozesses Elektronenstrahl–Probe (auch in gestörten Kristallen) als Interferenzphänomen, ist das BLOCHsche Theorem, demzufolge die Gesamtwellenfunktion analog zum Potential in eine Fourierreihe entwickelt werden kann. Diese Reihenentwicklung in die SCHRÖDINGER-Gleichung eingesetzt liefert ein Eigenwertproblem für die Fourierkoeffizienten, welches im Abschnitt 3.2.1.1. zusammen mit weiteren Näherungsschritten und dem verwendeten numerischen Lösungsverfahren dargestellt ist. Behandelt man einen in der Probe vorliegenden Kristalldefekt als kleine Störung, so kann man auch im Realkristall das Konzept der Fourierentwicklung des Potentials beibehalten. Vernachlässigung von Rückstreuung, Begrenzung der Reflexzahl und Vernachlässigung aller Ableitungen außer in Vorwärtsstreurichtung durch die Säulennäherung [20, 32, 33] erlaubt die Ableitung von linearen gewöhnlichen Differentialgleichungen, die im Falle gestörter Kristalle das Eigenwertproblem ersetzen bzw. zusätzlich dazu auftreten. Diese Differentialgleichungen, ihre numerische Lösung und insbesondere die Gültigkeit der Säulenapproximation für den hier interessierenden Fall kleiner Defekte werden im Abschnitt 3.2.1.2. dargestellt.

Für dünne Kristalle mit nahezu vernachlässigbarer Absorption kann die Lösung des Eigenwertproblems zusammen mit der Berechnung der Amplituden durch Fourier-Transformation dargestellt werden und das in Abschnitt 3.2.1.1. gegebene Matrixmultiplikationsverfahren geht in den „multi-slice"-Algorithmus über [79]. Das dreidimensionale Potentialfeld wird dabei in Strahlrichtung durch eine Aufeinanderfolge zweidimensionaler Potentialverteilungen genähert. Das erlaubt, wie vom Experiment gefordert, die simultane Beschreibung einer Vielzahl (> 100) von gebeugten Strahlen durch einen numerisch vorteilhaften Algorithmus für ungestörte und auch für gestörte Kristalle. Dieser Algorithmus beruht auf der sukzessiven Anwendung von ebenen Transmissionsfunktionen, die das Kristallpotential enthalten, und Ausbreitungsfunktionen, welche den Anregungsfehler berücksichtigen. Deshalb ist dieses Verfahren identisch mit der wellenoptischen Formulierung der Beugung; es wird zusammen mit seiner numerischen Behandlung im Abschnitt 3.2.1.3. angegeben.

3.2.1.1. Eigenwertproblem der Dispersionsfläche

Ausgehend davon, daß die stationären Lösungen der SCHRÖDINGER-Gleichung im Vakuum ebene Wellen und im baufehlerfreien Kristall BLOCH-Wellen sind, können zwei verschiedene Lösungsansätze für die Berechnung der Wellenfunktion gegeben werden. Die Entwicklung nach ebenen Wellen mit den Amplituden $\Phi_{\vec{g}}(\vec{r})$ und den reziproken Gittervektoren $\vec{g}$ ergibt

$$\Psi(\vec{r}) = \sum_{\vec{g}} \Phi_{\vec{g}}(\vec{r}) \exp\left[2\pi i\,(\vec{K} + \vec{g} + \vec{s}_{\vec{g}})\,\vec{r}\right], \tag{3.9}$$

während der Ansatz mit den BLOCH-Wellen $b_l(\vec{r})$ in der Form

$$\Psi(\vec{r}) = \sum_{l} \phi^l(\vec{r})\, b_l(\vec{r}) = \sum_{l} \phi^l(\vec{r}) \sum_{\vec{g}} C^l_{\vec{g}} \exp\left[2\pi i\,(\vec{K} + \vec{g} + \vec{\gamma}^l)\,\vec{r}\right] \tag{3.10}$$

geschrieben werden kann [20, 32, 33, 83, 99]. Die Amplituden der ebenen Wellen sind im Vakuum konstant, die Anregungsstärken $\phi^l(\vec{r})$ der BLOCH-Wellen hingegen im baufehlerfreien Kristall. Da infolge der Grenzbedingungen an den Grenzflächen die Tangentialkomponenten äquivalenter Wellenvektoren übereinstimmen müssen, gilt für die Eigenwerte $\vec{\gamma}^l$ und die Abweichungsfehler $\vec{s}_{\vec{g}}$:

$$\vec{\gamma}^{\,l} = -\gamma^l \cdot \vec{f}, \quad \vec{s}_{\vec{g}} = -s_{\vec{g}} \cdot \vec{f}, \tag{3.11}$$

mit $\vec{f}$ als Normaleneinheitsvektoren der Folienflächen. Der Vektor $\vec{K}$ bezeichnet dabei den auf Refraktion korrigierten Wellenvektor der einfallenden Elektronenwelle (Vakuumvektor $\vec{\kappa}$) mit gleicher Tangentialkomponente und dem Betrag

$$K = \sqrt{\kappa^2 + V_0^{re}}, \tag{3.12}$$

wobei $V_{\vec{g}} = V_{\vec{g}}^{re} + iV_{\vec{g}}^{im}$ die Fourierkoeffizienten des „optischen" Potentials sind. Die Realteile $V_{\vec{g}}^{re}$ werden über die atomaren Streufaktoren ermittelt, die $V_{\vec{g}}^{im}$ folgen aus der YOSHIOKA–RADI-Theorie [96, 97]. Im nichtzentrosymmetrischen Kristall sind bereits die Fourierkoeffizienten des Kristallpotentials komplex, bei der hier verwendeten Schreibweise ist dieser Anteil ebenfalls in $V_{\vec{g}}^{im}$ enthalten. Mit den Gleichungen (3.9), (3.10) und der SCHRÖDINGER-Gleichung erhält man die folgenden Säkulargleichungen

$$[(\vec{k}_{\vec{g}}^{\,l})^2 - K^2]\, C_{\vec{g}}^l = \Sigma C_{\vec{h}}^l\, V_{\vec{g}-\vec{h}}, \tag{3.13}$$

die oft als Grundgleichungen der dynamischen Theorie bezeichnet werden und ein quadratisches Eigenwertproblem für die Wellenvektoren $\vec{k}_{\vec{g}}^{\,l} = \vec{K} + \vec{g} + \vec{\gamma}^{\,l}$ darstellen. Tritt, wie es in der Transmissionsmikroskopie für $E \geqslant 100$ kV der Fall ist, vorwiegend Vorwärtsstreuung auf, d. h. $|\gamma^l| \ll K$, dann können sämtliche rückgestreuten Elektronen vernachlässigt werden und die Säkulargleichungen (3.13) ermöglichen eine Linearisierung:

$$\sum_{\vec{h}} A_{\vec{g}\vec{h}}\, C_{\vec{h}}^l - \gamma^l C_{\vec{g}}^l = 0. \tag{3.14}$$

Mit dem Energieerhaltungssatz an der Grenzfläche $K^2 = (k_{\vec{g}}^l)^2$ folgt für den Abweichungsparameter $s_{\vec{g}}$ und damit für die Matrix $A_{\vec{g}\vec{h}}$:

$$s_{\vec{g}} = -\frac{\vec{g}^{\,2}}{2K_z} - \frac{\vec{K}\cdot\vec{g}}{K_z}, \quad A_{\vec{g}\vec{h}} = s_{\vec{g}}\,\delta_{\vec{g}\vec{h}} + \frac{V_{\vec{g}-\vec{h}}}{2K_z}, \tag{3.15}$$

wobei näherungsweise für $K_z = \vec{K}\vec{f} \approx K \approx \kappa$ gesetzt werden kann. Da die Matrix $A_{\vec{g}\vec{h}}$ nicht hermitesch ist, gelten für die Eigenvektoren $C_{\vec{g}}^l$ keine Orthogonalitätsrelationen. Wegen $V_{\vec{g}-\vec{h}} = V_{\vec{h}-\vec{g}}$ bei zentrosymmetrischen Kristallen kann aber stets streng

$$\sum_l C_{\vec{g}}^l C_{\vec{h}}^l = \delta_{\vec{g}\vec{h}}, \quad \sum_{\vec{g}} C_{\vec{g}}^l C_{\vec{g}}^j = \delta_{lj} \tag{3.16a}$$

und ebenso

$$\sum_l \gamma^l C_{\vec{g}}^l C_{\vec{h}}^l = A_{\vec{g}\vec{h}}, \tag{3.16b}$$

bzw. die n-te Potenz hiervon abgeleitet werden. Im absorptionsfreien, eventuell nichtzentrosymmetrischen Kristall sind die Gleichungen (3.16) mit den Orthogonalitätsbedingungen identisch; sie können durch

$$\sum_l C^l_{\vec{g}} C^{l*}_{\vec{h}} = \delta_{\vec{g}\vec{h}}, \quad \sum_g C^l_{\vec{g}} C^{j*}_{\vec{g}} = \delta_{lj}, \quad \sum_l \gamma^l C^l_{\vec{g}} C^{l*}_{\vec{h}} = A_{gh} \tag{3.17}$$

ersetzt werden.

Die Anregungsstärken ϕ^l ergeben sich aus der Erfüllung der Grenzbedingungen, welche Stetigkeit für Ψ und $\frac{\partial \Psi}{\partial z}$ an beiden Grenzflächen erfordern und damit einen Ansatz für die an der Eintrittsfläche zurückgestreuten Elektronen in Form ebener Wellen notwendig machen. Die Amplituden der aus der Folie austretenden Elektronenwellen ergeben sich nach den Gleichungen (3.9) und (3.10) zu

$$\Phi_{\vec{g}}(t) = \sum_l \phi^l(t)\, C^l_{\vec{g}} \exp\left[2\pi i(\gamma^l - s_{\vec{g}})\, t\right], \tag{3.18}$$

woraus die Intensität $I_{\vec{g}} = \Phi_{\vec{g}}(t)\, \Phi^*_{\vec{g}}(t)$ in Richtung des Reflexes $\vec{g}$ folgt.

Für den baufehlerfreien Kristall gilt $\phi^l(z) \equiv \phi^l(0)$ für alle z und l; deshalb erhält man mit den Grenzbedingungen und Gleichungen (3.16) und (3.17) für den zentrosymmetrischen Kristall

$$\phi^l(t) = \phi^l(0) = C^l_0, \tag{3.19a}$$

während für den absorptionsfreien Fall

$$\phi^l(t) = \phi^l(0) = C^{l*}_0 \tag{3.19b}$$

folgt. Der allgemeine Fall erfordert eine Matrixinversion, z. B. von $\sum_l \phi^l(0)\, C^l_{\vec{g}} = \delta_{0\vec{g}}$ für das linearisierte Problem ohne Rückstreuung.

Das linearisierte Eigenwertproblem (3.14) kann mit numerischen Standardalgorithmen auf HESSENBERG-Gestalt transformiert werden und durch Triangularisierung mit Hilfe des LR-Algorithmus gelöst werden. In der Literatur [100, 101] wird diese Vorgehensweise bei direkter Lösung der Eigenwertgleichungen empfohlen. Als Beispiel für die numerische Realisierung ist in Abbildung 10 schematisch der Programmaufbau des Systems BLCH-COLL-NBIFI gezeigt. Bereitgestellt wird die Matrix durch das Programm BLCH, die Triangularisierung erfolgt durch EIGW. Auf diese Weise erhält man sämtliche N Eigenwerte, d. h. die Lösungen des charakteristischen Polynoms, welches zur Gleichung (3.14) im N-Strahlfall gehört. Diese Eigenwerte bestimmen den geometrischen Ort der Endpunkte aller im Kristall möglichen Wellenvektoren, Dispersionsfläche genannt. Sukzessives Einsetzen der Eigenwerte in die obere Drei-

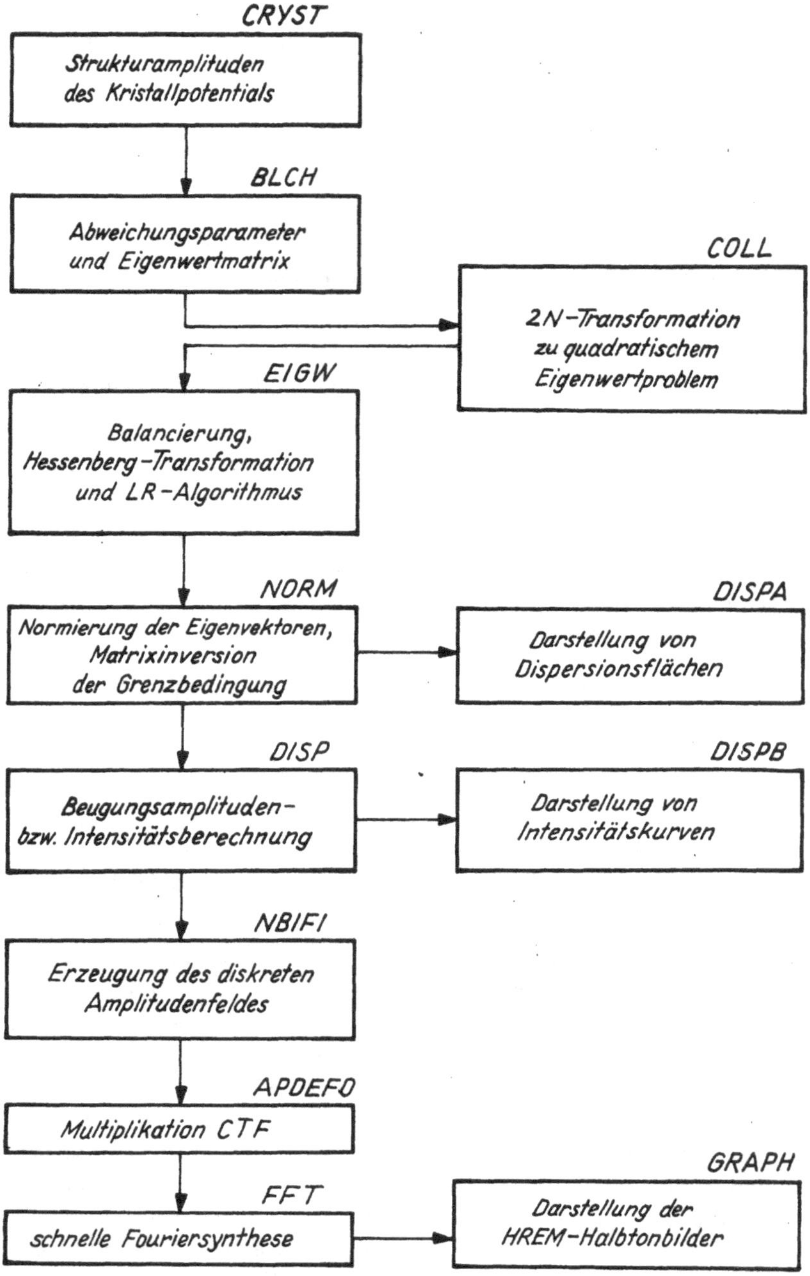

Abb. 10. Schema zum Programm-System „BLCH-COLL-NBIFI" für die HREM-Kontrastsimulation durch direkte Lösung der Eigenwertgleichungen

ecksmatrix liefert sämtliche Eigenvektoren, wenn man bestimmte mögliche Eigenwertentartungsfälle bei kritischen hochsymmetrischen Einstrahlrichtungen ausschließt. Das quadratische Eigenwertproblem (3.13) kann auf die gleiche Weise gelöst werden, wenn man es vorher auf ein lineares Eigenwertproblem der Ordnung 2N X 2N transformiert, wobei sich dann die gesuchten 2N Eigenvektoren aus den N ersten Komponenten des linearisierten Problems ergeben (Programm COLL). In diesem Fall, der vollständigen Berücksichtigung der Rückstreuung, treten Schwierigkeiten dann auf, wenn bei bestimmten Einstrahlrichtungen viele reziproke Gittervektoren zur gleichen Grenzbedingung gehören [102]. Dann empfehlen sich alternative Lösungsverfahren, wie z. B. ein dem „multi-slice" ähnliches Verfahren zur HILLschen Determinantentheorie [103]. Die Intensitätsberechnung erfordert die numerische Realisierung von Gleichung (3.18) und die eventuell notwendigen Inversions- bzw. Normalisierungsoperationen (Programm NORM). Die benötigten Fourierkoeffizienten können direkt eingegeben werden oder durch das Programm CRYST zur Verfügung gestellt werden, welches in allgemeiner Form aus den Atomstreuamplituden und den kristallographischen Daten die Fourierkoeffizienten (Strukturamplituden) berechnet (s. Kap. 3.2.1.3.). Die berechneten und normierten Eigenvektoren und Eigenwerte werden durch DISP weiterverarbeitet, wobei die Zeichnung von Dispersionsflächen (DISPA) oder die graphische Darstellung von Intensitätskurven, d. h. der Intensität ausgewählter Reflexe als Funktion der Probendicke (DISPB), möglich ist. Dabei können noch unterschiedliche Näherungen der Grenzbedingungen ausgewählt werden. DISP erlaubt darüber hinaus die Bereitstellung von kompletten Amplitudensätzen für gegebene Kristalldicken zur Weiterverarbeitung mit dem Programmsystem NBIFI. Durch das modulare System NBIFI wird die Modellierung von Halbtonbildern (Programm GRAPH) unter Berücksichtigung des Abbildungsprozesses (Programm FFT und APDEFO) entsprechend dem Formalismus des Abschnitts 3.1. möglich, d. h. die Berechnung der Hochauflösungsabbildung mit direkten Methoden.

3.2.1.2. Differentialgleichungen im Fall kleiner Defekte

Die Störung der Periodizität des Gitters durch Kristalldefekte wird in der „deformable ion approximation" dadurch beschrieben, daß man

$$V_{\vec{g}}(\vec{r}) = V_{\vec{g}} \exp(-2\pi i \vec{g}\,\vec{u}(\vec{r})) \tag{3.20}$$

für die Koeffizienten des Kristallpotentials setzt [20]. Damit wird in guter Näherung die Gitterverzerrung durch das elastische Verschiebungsfeld $\vec{u}(\vec{r})$ der Kristalldefekte erfaßt; ändert der Defekt in seiner Umgebung wesentlich die chemische oder kristallographische Struktur, dann werden weitergehende Näherungen erforderlich. Die Berechnung des Verschiebungsfeldes erfordert die Methoden der linearen Elastizitätstheorie (Kontinuumstheorie) oder aufwendigere Verfahren.

Unter Anwendung der genannten Näherungen und mit dem Ansatz (3.20) folgt aus der SCHRÖDINGER-Gleichung, daß die Beziehungen des Abschnittes 3.2.1.1. durch das Differentialgleichungssystem

$$\frac{d}{dz}\,\phi^l(z) = 2\pi i \sum_j \phi^j(z) \exp\left[2\pi i(\gamma^j - \gamma^l)\,z\right] \sum_{\vec{g}} C^l_{\vec{g}}\, C^j_{\vec{g}}\, \frac{d\,\vec{g}\,\vec{u}}{dz} \tag{3.21}$$

ersetzt werden müssen [20]: Die Gleichungen (3.21) für die Anregungsstärken sind den Differentialgleichungen

$$\frac{d}{dz}\,\Phi_{\vec{g}}(z) = 2\pi i\,\frac{d\,\vec{g}\,\vec{u}}{dz}\,\Phi_{\vec{g}}(z) + 2\pi i \sum_{\vec{h}} A_{\vec{g}\vec{h}}\,\Phi_{\vec{h}}(z) \tag{3.22}$$

für die Amplituden bei der Entwicklung nach ebenen Wellen äquivalent, wenn die Anfangsbedingungen $\Phi_{\vec{h}}(0) = \delta_{o\vec{h}}$ dazugenommen werden. Dieses System soll hier HOWIE-WHELANsches Differentialgleichungssystem genannt werden, da es die Verallgemeinerung des von HOWIE und WHELAN [104] für den Zweistrahlfall angegebenen Systems darstellt. Im folgenden beziehen sich nahezu alle Ausführungen dieses Abschnittes auf dieses System. Es ist aber der Gleichung (3.21) völlig äquivalent und alle Betrachtungen gelten für diese sinngemäß. Die Gleichung (3.21) wird als Blochwellengleichung bezeichnet und wurde von WILKENS [105] für elektronenmikroskopische Kontrastdeutungen verwendet. (Zu diesem Problemkreis siehe die Übersichten [20, 32, 33, 53, 85, 87]).

Da der Aufwand zur Lösung der Gleichungssysteme (3.21) und (3.22) trotz der angegebenen Näherungen relativ groß ist, wird im allgemeinen eine weitere Näherung durchgeführt. Es wird angenommen, daß nur zwei Strahlen wesentlich an der Beugung beteiligt sind. Dieser Zweistrahlfall, zu dem die meisten Untersuchungen und Berechnungen vorliegen, kann bei nicht zu hoher Strahlspannung durch geeignete Probenorientierungen auch unter experimentellen Bedingungen gut realisiert werden. Die numerische Integration wird in der Regel mit einem RUNGE-KUTTA-Verfahren oder mit einer Predictor-Corrector-Methode durchgeführt [106, 107]. Als ein günstiges Verfahren zur Integration der Differentialgleichungen hat sich das modifizierte RUNGE-KUTTA-Verfahren, wie es MERSON vorschlug, bewährt, weil die Schrittweite automatisch der Genauigkeit angepaßt wird und dennoch die Rechengeschwindigkeit größer als bei vergleichbaren Verfahren bleibt. Verwendet man die Gleichung (3.21) zur Kontrastrechnung, dann muß im Mehrstrahlfall vor dem eigentlichen Integrationsbeginn erst noch das Eigenwertproblem für die Eigenwerte γ^l und die Eigenvektoren $C^l_{\vec{g}}$ gelöst werden. Man hat aber den Vorteil, daß im wenig gestörten Kristall die Anregungsstärken ϕ^l nahezu konstant sind, so daß sich eine große Schrittweite einstellt, die zu einer verringerten Rechenzeit führt. In jedem Fall ergibt sich als wichtigstes Problem, die Rechenzeit möglichst gering zu halten. Dies kann für geradlinige Defekte mit Hilfe der Methode des generalisierten Querschnittes geschehen und für den Fall, daß die Phasenbeziehungen zwischen den Reflexen nicht kontrastbestimmend sind, durch Reduktion der Zahl der Differentialgleichungen mittels Transformationsmethoden [107, 108]. Letzteres trifft also z. B. für die Beugungskontrastabbildung zu, nicht aber für Mehrstrahlabbildungen. Deshalb ist es von großer Bedeutung, daß die Zahl tatsächlich zu berechnender Bildpunkte durch Interpolationsverfahren auf ein Minimum reduziert werden kann. Über das ganze Bild verteilt oder für einzelne Bildsegmente nacheinander wird die Intensität und wenn nötig auch die Phase einer minimalen Anzahl von Bildpunkten berechnet. Diese Punkte dienen als Stützstellen, von denen aus das vollständige Bild durch zweidimensionale lineare oder kubische Interpolationsverfahren gewonnen wird. Dabei wird die Intensität bzw. Phase eines jeden zu interpolierenden Bildpunktes von zwei verschiedenen Stützstellengruppen aus berechnet und wird dann nach Vergleich der beiden Interpolationsergebnisse entweder durch den Mittelwert ersetzt, oder, falls die Differenz zu groß ist, durch zusätzliche Integration gewonnen. Die zulässigen Fehlerschranken werden in der Regel durch Testrechnungen festgelegt und so gewählt, daß nur zwischen 5 und 20 % aller Bildpunkte direkt berechnet werden.

Die im Kapitel 4.2. gezeigten Netzebenenabbildungen erlauben die Anwendung des Matrizenmultiplikationsverfahrens zur Rechenzeitminderung. Wird die Kristallfolie der Dicke t in n Kristallscheiben der Dicke $\Delta z = t/n$ eingeteilt, dann kann die Größe

$$s_{\vec{g}}^{eff} = s_{\vec{g}} + \frac{d\vec{g}\vec{u}}{dz}$$

in jeder dieser Scheiben als Konstante aufgefaßt werden. Für die Amplituden an der Folienaustrittsseite gilt eine Beziehung der Form

$$\begin{vmatrix} \Phi_0(t) \\ \Phi_g(t) \end{vmatrix} = \prod_K M_K \binom{1}{0}, \tag{3.23}$$

wobei die Streumatrizen M_K und folgende Abkürzungen verwendet wurden:

$$M_K = \left\{ \exp(\pi i \Delta z \, \bar{s}_{\vec{g}}^{eff}) \right\} \begin{vmatrix} T_{eff}^{+} & S_{eff}^{+} \\ S_{eff}^{-} & T_{eff}^{-} \end{vmatrix}$$

$$T_{eff}^{\pm} = \cos(\pi\sigma\Delta z) \mp \frac{i\,\bar{s}_{\vec{g}}^{eff}}{\sigma} \sin(\pi\sigma\Delta z) \tag{3.24}$$

$$S_{eff}^{\pm} = \frac{iV_{\vec{g}}}{\sigma K_z} \sin(\pi\sigma\Delta z), \quad \sigma^2 = \bar{s}_{\vec{g}}^{eff2} + V_{\vec{g}}^2 / K_z^2 .$$

Die M_K hängen nur vom Mittelwert $\bar{s}_{\vec{g}}^{eff}$ innerhalb jeder Scheibe $(z_K, z_K + \Delta z)$ ab.

Die wesentliche Rechenzeiteinsparung bei diesem Verfahren, die durchaus in der gleichen Größenordnung wie bei den Transformationsverfahren liegt, wird hierbei durch Abspeichern der mit festem Δz berechneten Matrizen vor der eigentlichen Bildberechnung erreicht. Ungenauigkeiten, die sich an den Singularitätsstellen der Kristalldefekte ergeben, können z. B. durch Erweiterung des Verfahrens auf zwei verschiedene Schrittweiten vermieden werden [107]. Mit Hilfe der Gleichung (3.16) bzw. der n-ten Potenz davon kann man einfach zeigen, daß für konstantes $s_{\vec{g}}^{eff}$, die Gleichung (3.23) identisch mit der „multi-slice" Formulierung ohne Anwendung der Näherung des projizierten Potentials ist. Eine Verallgemeinerung dieser Beziehungen auf Mehrstrahlfälle erfordert dann jedoch die wiederholte Lösung des Eigenwertproblems (3.14), was wirkungsvoll umgangen werden kann durch die Anwendung der „multi-slice" Technik [79]. Für lokalisierte Defekte (Dipole, Versetzungsringe) kann angenommen werden, daß in größerer Entfernung vom Defekt, die Verschiebungsfeldableitung rasch verschwindet. Diese Eigenschaft ausnutzend, läßt sich eine Rechenzeiteinsparung erzielen, sowohl bei der Anwendung der BLOCH-Wellengleichungen als auch beim Zweischritt-Matrizenmultiplikationsverfahren. Dies beruht darauf, daß in größerer Entfernung vom lokalisierten Defekt die Anregungsstärken als konstant angesehen werden können, bzw. dort die Schrittweite für die Matrix (3.24) so groß wie der wenig gestörte Bereich gewählt werden kann.

In Abbildung 11 ist als Beispiel zum Vorangehenden die Wirkungsweise des Programmsystems HOWHES schematisch dargestellt [107, 117]. Es gestattet, die den Beugungskontrast beschreibenden Gleichungen (3.22) zu lösen und die in großer Zahl anfallenden Intensitätswerte so auszugeben, daß diese leicht überschaubar zur Deutung der im Elektronenmikroskop entstehenden Kontraste verwendet werden können. Darüber hinaus können verschiedene Lösungsverfahren jederzeit austauschbar angewendet werden und Kristallbaufehler verschiedener Art mit dem selben Programm behandelt werden. Der eigentliche Integrations- bzw. Matrixmultiplikationszyklus wird von HBER gesteuert.

Das Rahmenprogramm HOWHES bereitet die Eingabedaten auf und verbindet alle Programmteile — diese entsprechen strukturell den Unterprogrammen — zu einem Ganzen. Die Unterprogramme MERSON und THOLEN sind die Integrationsprozeduren zur Lösung der Beugungskontrastgleichungen (MERSON-Verfahren bzw. Matrixmultiplikation). Die für die Integration notwendigen rechten Seiten der Differentialgleichungen (3.22) wurden in den Unterprogrammen FN und FK berechnet. THALEN ist das Unterprogramm zur Vorausberechnung der Matrizen (3.24) für das Matrizenmultiplikationsverfahren. Die Verschiebungsfeldableitungen der verschiedenen Kristalldefekte werden in den Unterprogrammen UPV und BETA ermittelt, wobei alle Daten zur Defektgeometrie vorab

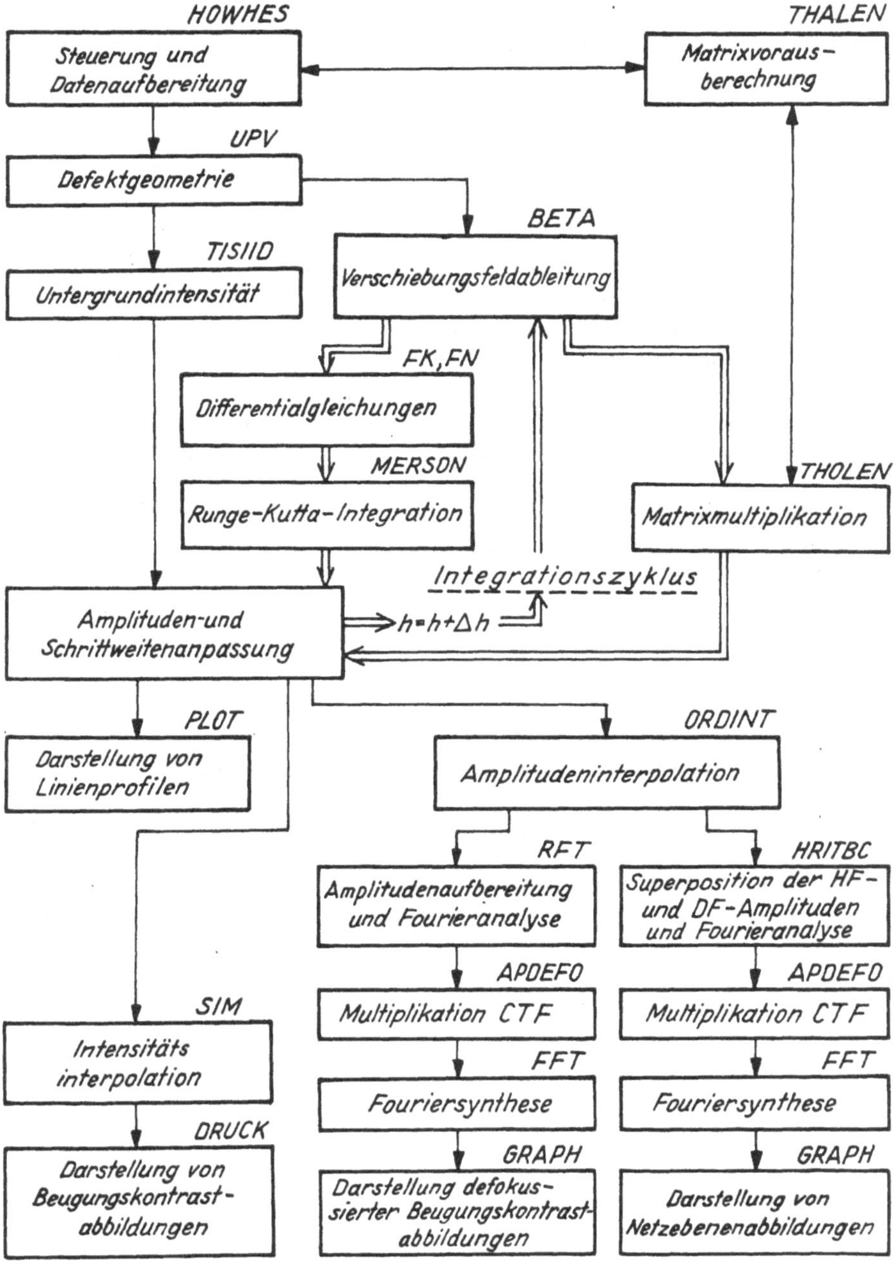

Abb. 11. Schema zum Programmpaket „HOWHES-HRITBC" für die Simulation des Beugungskontrastes durch Lösung der HOWIE-WHELANschen Differentialgleichungen

durch UPV bereitgestellt werden. Für die Ausgabe und Interpolation der berechneten Intensitäten sind die Programme TISIID, PLOT, DRUCK und SIM nötig.

Speziell für die Berechnung des Bildkontrastes kleiner Defekte werden berechnete Hell- und Dunkelfeldamplituden in Form von Datenfeldern zur Weiterverarbeitung benötigt. Dabei ist entscheidend, daß die Interpolation der fehlenden Bildpunktamplituden sowohl für deren Betrag als auch die Phasen korrekt durchgeführt werden muß. Dies leisten spezielle Algorithmen von ORDINT derart, daß auch die bei der Netzebenenabbildung infolge relativer Phasendifferenzen auftretenden Kontrastverschiebungen (z. B. durch Fehlpassungen oder eingeschobene Netzebenen) korrekt wiedergegeben werden [109].

Zur Simulation des Abbildungsprozesses eines kleinen Defektes im Beugungskontrast (Hell- oder Dunkelfeldabbildung mit nur einem Strahl) unter Einbeziehung der Kontrastübertragungsfunktion dient das Programm RFT. Die Superposition von Hell- und Dunkelfeldamplituden entsprechend Gleichung (3.9) ergibt die Netzebenenabbildungen gestörter Kristalle und wird durch das Programm HRITBC realisiert. Dabei zeigt es sich, daß der Netzebenenkontrast sehr empfindlich auf Defokussierungsänderungen reagiert, was auf eine relativ weitreichende Verteilung der Information über den Kristalldefekt um die Beugungsreflexe herum schließen läßt.

Die Anwendung der Gleichungen (3.21) bzw. (3.22) zur Berechnung des Beugungskontrastes und der Netzebenenabbildung kleiner Defekte erfordert eine Diskussion der Gültigkeit der Säulenapproximation. Bei der Herleitung der Gleichungen (3.21) bzw. (3.22) wurden alle partiellen Ableitungen senkrecht zur Strahlrichtung vernachlässigt, was die Gültigkeit von

$$q \geqslant \frac{\lambda}{d}\,\xi_g \approx \theta_B\,\xi_g \approx 10^{-2}\,\xi_g \tag{3.25}$$

voraussetzt. Dabei sind λ die Elektronenwellenlänge, d die Gitterperiode, θ_B der BRAGG-Winkel und ξ_g die Extinktionslänge, d. h. ein Maß für die kleinste Oszillationsperiode der ebenen Wellen in Strahlrichtung. Der Abstand q, in dem die Amplitude senkrecht zur Strahlrichtung merklich variieren darf, muß somit größer $\xi_g/100$ sein und bestimmt die Ausdehnung der Säule bzw. die minimal auflösbaren Objektdetails. Die Aufweitung der Strahlen mit der Objektdicke t ergibt anstelle Gleichung (3.25) die weniger optimistische Abschätzung

$$q \geqslant \theta_B \cdot t \tag{3.26}$$

für die Fälle $t > \xi_g$. Nach anderen Überlegungen [17] ist für schwache Strahlen die FRESNEL-Beugung der wichtigste energiedissipierende Einfluß; die Abschätzung

$$q \geqslant \sqrt{\lambda\, t} \tag{3.27}$$

folgt damit aus dem Radius der ersten FRESNELschen Zone.

Alle gegebenen Abschätzungen zeigen, daß die Säulenapproximation für Kristalldicken bis einige 10 nm und Objektdetails größer einige wenige Zehntel Nanometer eine gute Näherung ist. In der Praxis stellt sich jedoch heraus, daß die Säulennäherung auch noch für kleinere Präparatdetails anwendbar bleibt, als durch die Gleichungen (3.25) bis (3.27) angezeigt wird. Dies wird erhärtet durch vergleichende Rechnungen von ANSTIS und COCKAYNE [110] und das allgemein gebrauchte Energiestromargument, wonach in Gleichung (3.25) bzw. (3.26) der Winkel θ_B durch den Divergenzwinkel θ_D, der durch die Beleuchtungsapertur α_B vorgegeben ist, ersetzt werden muß. Da der Energiefluß senkrecht zur Dispersionsfläche stattfindet, wird θ_D durch die Krümmung der Dispersionsfläche im Unschärfebereich $^1/_q$ gegeben, und es ist zu erwarten, daß $\theta_D \ll \theta_B$ für die meisten Fälle gilt. Somit wird die Gültigkeit der Säulenapproximation besser sein als durch die Abschätzungen zu erwarten ist, außer wenn Blochwellen an stark gekrümmten Bereichen der Dispersionsfläche kontrastbestimmend sind, wie z. B. bei der „weak-beam" Abbildung.

3.2.1.3. Das „multi-slice" Verfahren

Als theoretische Grundlage dieser Methode zur Beschreibung der Elektronenbeugung im Probenkristall dient die von COWLEY und MOODIE [17, 54] gegebene Formulierung der dynamischen N-Strahltheorie für Energien (E = 100—1000 kV) bei denen vorwiegend Vorwärtsstreuung auftritt, und rückgestreute Elektronen vernachlässigt werden können. Im Gegensatz zu den direkten Verfahren, wendet der „multi-slice" Algorithmus den Formalismus der klassischen Wellenoptik an. Beim „multi-slice" Verfahren wird die Wechselwirkung des einfallenden Elektronenstrahls mit dem dreidimensionalen Kristall durch eine Aufeinanderfolge ebener Beugungsprozesse genähert, die jeweils durch das in der entsprechenden Probenschicht der Dicke Δz vorliegende Kristallpotential charakterisiert sind. Dabei kann die Streuung der Elektronenwelle durch sukzessive Anwendung von ebenen Transmissionsfunktionen, die das projizierte Kristallpotential enthalten, und Ausbreitungsfunktionen, in denen die Anregungsfehler berücksichtigt sind, beschrieben werden. Untersuchungen von GOODMAN und MOODIE [78] zeigten, daß dieses Verfahren der klassischen Wellenoptik für den Grenzprozeß $\Delta z \to 0$ zu einer Formulierung, identisch mit der direkten Lösung der SCHRÖDINGER-Gleichung, führt. Außerdem wurde von ISHIZUKA und UYEDA [111] der „multi-slice" Formalismus ausgehend von der SCHRÖDINGER-Gleichung hergeleitet. Damit ist eine Einordnung der Methoden gegeben, die auch im Rahmen dieser Abhandlung durch vergleichende Berechnungen und Abschätzungen berührt wird. Zur Herleitung des „multi-slice" Algorithmus sei hier von der wellenoptischen Beschreibung ausgegangen. Für die Scheibchen-Zerlegung der kristallinen Probe senkrecht zur Ausbreitungsrichtung der Welle gilt:

Die Ausbreitung der Welle durch die n-te Schicht der Probe kann beschrieben werden durch eine Faltung der einfallenden Wellenfunktion Ψ_n mit einer Ausbreitungsfunktion p_n und einer Multiplikation mit der „Slice"-Transmissionsfunktion q_n:

$$\Psi_{n+1}(x, y) = [\Psi_n(x, y) * p_n(x, y, \Delta z)] \cdot q_n(x, y). \tag{3.28}$$

Die Ausbreitungsfunktion für die Strecke Δz (Scheibendicke) lautet in FRESNEL-Näherung:

$$p_n(x, y, \Delta z) = \frac{i}{\lambda \Delta z} \exp\left\{ i\pi(x^2 + y^2) / \lambda\Delta z \right\}. \tag{3.29}$$

Als Transmissionsfunktion q_n des Potentialschnittes wird das zweidimensionale Phasengitter („phase grating") angesetzt, das eine adäquate Näherung für kleine Schichtdicken Δz ist. Dies bedeutet, daß in jedem Probenscheibchen die Wechselwirkung Elektronenstrahl–Probe zu Phasenverschiebungen der Welle als Funktion des Ortes führt, die linear mit dem jeweiligen projizierten Potential verknüpft sind (aus Gründen der Übersichtlichkeit wird die [001]-Richtung angenommen):

$$q_n(x, y) = \exp\left\{ -i\sigma V_p(x, y)\, \Delta z \right\}, \quad \sigma = \frac{2\pi}{V\lambda(1+\sqrt{1-\beta^2})}, \tag{3.30}$$

σ ist die relativistisch korrigierte Wechselwirkungskonstante und $V_p(x, y)$ das projizierte Kristallpotential. Wenn es erforderlich ist, Absorptionseffekte zu berücksichtigen, nimmt die Transmissionsfunktion folgende Form an

$$q_n(x, y) = \exp\left\{ -i\sigma V_p(x, y)\, \Delta z \right\} \cdot \exp\left\{ -\mu\Delta z \right\}, \tag{3.31}$$

wobei der reelle Dämpfungsfaktor als eine integrale Enveloppe wirkt. Es gibt aber auch Näherungen, in denen das Absorptionsverhalten der Probe mit der Gittergeometrie verknüpft ist, d. h. der Absorptionsterm enthält ebenfalls das projizierte Potential ähnlich dem Phasengitter (siehe auch Abschnitt 3.2.1.1.).

Das projizierte Potential wird aus den Strukturamplituden F(h, k, 0), die die Kristallstruktur für die betrachtete Probenschicht beschreiben, in der folgenden Weise berechnet:

$$V_p(x, y) = \sum_{h,k}{}' F(h, k, 0) \exp\left\{ -2\pi i \left(\frac{hx}{a} + \frac{ky}{b}\right)\right\}. \tag{3.32}$$

Die meisten interessierenden Substanzen, für die HREM-Bildmodellierungen durchgeführt werden, sind kristallin oder können mit einer Pseudoelementarzelle beschrieben werden, d. h. das dazugehörige Fourierspektrum besteht aus diskreten Fourierkoeffizienten. Damit gehen die Faltungs- und Multiplikationsoperationen aus Gleichung (3.28) in Summationen über. Auf Grund dieser

Datenreduzierung wird der „multi-slice"-Zyklus im Fourierraum ausgeführt. Die Rekursionsformel lautet nach Anwendung des Faltungstheorems

$$\Psi_{n+1}(h, k) = \sum_{h'} \sum_{k'} \Psi_n(h', k') \cdot P_n(h', k') \cdot Q_n(h-h', k-k'), \qquad (3.33)$$

wobei P_n und Q_n die Fourier-Transformierten von p_n und q_n sind:

$$P_n(h, k, \Delta z) = F[p_n] = \exp\left\{ i\pi\lambda\Delta z \left(\frac{h^2}{a^2} + \frac{k^2}{b^2}\right) \right\} = \exp\left\{ 2\pi i s(h, k)\,\Delta z \right\}. \qquad (3.34)$$

Die Ausbreitungsfunktion P_n enthält den Anregungsfehler s in parabolischer Näherung. Wenn der einfallende Strahl nicht exakt parallel zu einer Kristallachse ist, kann eine Verkippung (h_t, k_t) der kristallinen Probe durch eine modifizierte Ausbreitungsfunktion in folgender Weise berücksichtigt werden

$$P_n(h, k, \Delta z) = \exp\left\{ i\pi\lambda\Delta z \left[\frac{h(h-h_t)}{a^2} + \frac{k(k-k_t)}{b^2}\right] \right\}, \qquad (3.35)$$

wobei sich der Reflex $(h_t, k_t, 0)$ in BRAGG-Lage befindet.

Der Term $Q_n(h, k)$ in Gleichung (3.33) ist die Fourier-Transformierte des Phasengitters des projizierten Kristallpotentials (3.30). Wenn angenommen wird, daß der Kristall aus identischen Schichten in Strahlrichtung besteht, d. h. das Objekt ist ein perfekter Kristall, bei dem eine Schichtdicke jeweils eine Elementarzellenlänge beträgt, sind die Phasengitter-Fourierkoeffizienten identisch für die gesamte „multi-slice" Berechnung. Andererseits werden Kristalldefekte durch ein variables Kristallpotential (3.32) und entsprechende Fourierkoeffizienten Q_n berücksichtigt, wobei der numerische Aufwand beträchtlich steigt. In den meisten praktischen Fällen ist die Ausbreitungsfunktion P_n identisch für alle Probenschichten.

Wenn die Rekursionsformel (3.33) so oft ausgeführt worden ist, daß die beabsichtigte Probendicke $t = N \cdot \Delta z$ vorliegt, sind die Beugungsamplituden für den folgenden Bildmodellierungsprozeß berechnet.

Abbildung 12 zeigt ein Schema zu den einzelnen Schritten der „multi-slice" Bildmodellierung für einen Kristall ohne Gitterstörungen. Aus den Strukturfaktoren F (Programm CRYST) wird das projizierte Potential V_p und daraus das Phasengitter q(x, y) berechnet (PHAGRA). Die Fourier-Transformation von q liefert die Transmissionsfunktions-Fourierkoeffizienten Q, die auch als Ausgangswert für den „multi-slice" Zyklus verwendet werden. Die Ausbreitungsfunktion P, die Wellenfunktion Ψ_n und Q werden nach der Rekursionsformel verknüpft. Nachdem die erforderliche Probendicke erreicht ist, wird eine Kontrastübertragungsfunktion (APDEFO) angewandt, und eine Fourier-Synthese des Beugungsbildes liefert die Bildintensität zur graphischen Halbtondarstellung (GRAPH). Wenn große Elementarzellen oder Defektstrukturen berechnet werden und sehr viele Strahlen zu berücksichtigen sind (1000–10 000),

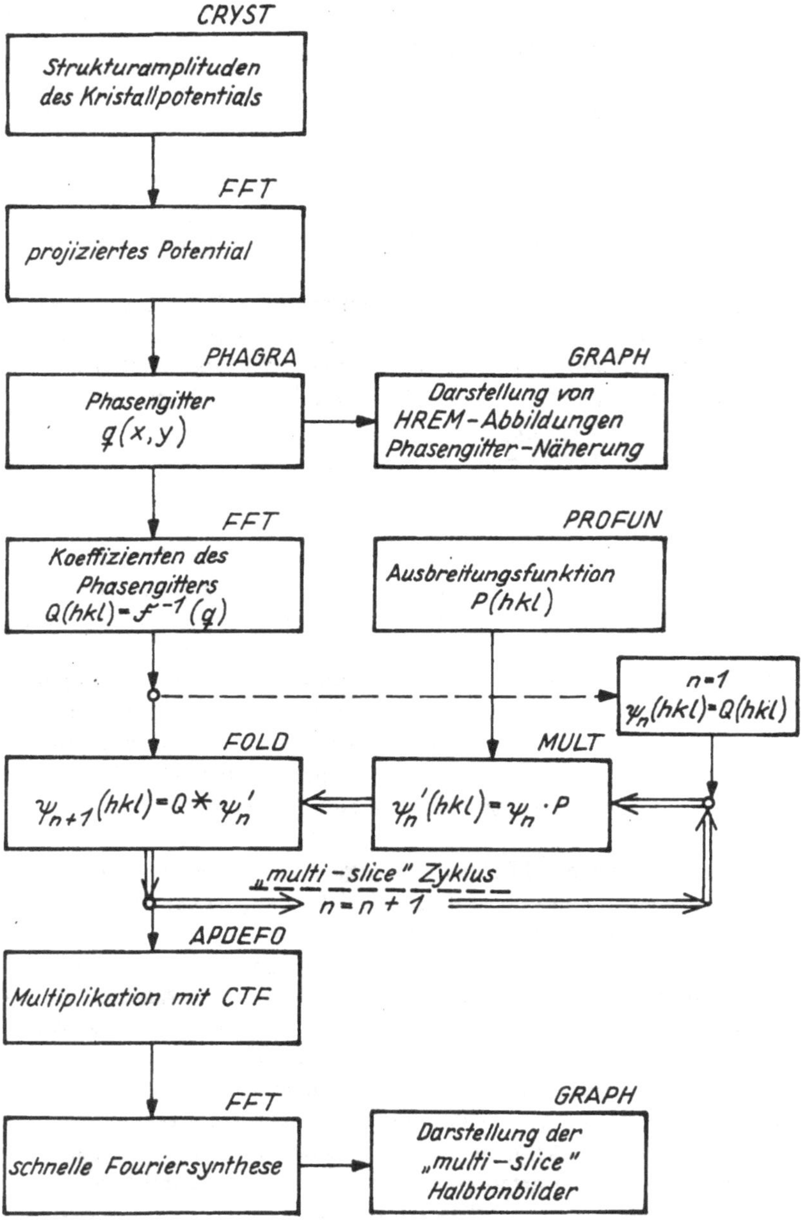

Abb. 12. Schema zum „multi-slice" Algorithmus für die HREM-Kontrastsimulation

werden die Faltungsoperationen des „multi-slice“ Zyklus nicht mehr direkt berechnet, sondern nach dem Faltungstheorem auf zwei schnelle Fourier-Transformationen und eine Multiplikation zurückgeführt.

Der „multi-slice“ Algorithmus erlaubt eine ständige Kontrolle der Berechnungen auf Konsistenz während des Rekursionsprozesses. Werden ausreichend viele Reflexe berücksichtigt, bleibt die Gesamtintensität über alle Strahlen nach jedem Zyklusschritt erhalten, wenn keine Absorption vorliegt. Diese Bedingung erfordert, daß die Schichtdicke gering genug ist ($\Delta \leqslant 0{,}5$ nm), bzw. daß das Produkt von projiziertem Potential V_p und Δz, das die Phasendrehung je Probenschicht bestimmt, klein bleibt.

Das in Abbildung 12 schematisch dargestellte Computerprogrammsystem entspricht dem durch eigene Entwicklungen [112, 113] modifizierten und erweiterten Programmsystem FCOEFF/DEFECT von SKARNULIS [114, 115]. In der vorliegenden Form kann es auch auf Kleinrechnern (z. B. SM 4-20) eingesetzt werden. Im ersten Programmpaket, dem kristallographischen Teil, können für beliebige Kristalle aller Raumgruppen bzw. Pseudoelementarzellen bei Defektberechnungen die Fourierkoeffizienten berechnet werden (CRYST). Der zur jeweiligen Probenorientierung gehörige Koeffizientensatz wird an das eigentliche „multi-slice“ Programm übergeben. Der „multi-slice“ Zyklus erlaubt die Berücksichtigung von Defektschichten und sieht eine Probenkippung vor (siehe Beispiele im Kap. 4). Im Programmteil zur Abbildung (APDEFO) werden alle in Abschnitt 3.1. behandelten Parameter (V-Beschleunigungsspannung, Δ – Defokussierung, c_s – Öffnungsfehler, δf – Fokustiefe, $A(\alpha)$ – Lage und Größe der Apertur) berücksichtigt.

Im Kapitel 4. wird eine Auswahl von Beispielen zur Bildmodellierung von idealen und gestörten Kristallen für verschiedene Abbildungsbedingungen dargestellt, wobei die unterschiedlichen Berechnungsverfahren verglichen und abgeschätzt werden.

3.2.2. Kinematische Theorie der Elektronenbeugung

Ebenso wie die dynamische Theorie der Elektronenbeugung geht die kinematische Theorie von der SCHRÖDINGER-Gleichung aus, benutzt aber die Störungsrechnung um eine einfachere Näherung zu erhalten. Sie beschreibt für dünne kristalline Objekte die Kinematik des Streuvorgangs ohne Berücksichtigung des wechselseitigen Energieaustausches der gestreuten Strahlen. Bei der Berechnung wird nur die Einfachstreuung (BORNsche Näherung) erfaßt; Bedingung dafür ist, daß die Amplituden der gestreuten Wellen klein gegenüber der der einfallenden Welle sind. Auch die wellenoptische Herleitung („physical optics approach“) [17] führt zum gleichen, nachfolgend beschriebenen Formelapparat. Dabei wird die kristalline Probe als ein zweidimensionales Beugungsgitter (projiziertes Potential) mit einer der gesamten Probe entsprechenden

Dicke angenommen, d. h. Grundlage für die Beschreibung der Elektronenbeugung sind auch an dieser Stelle die Strukturamplituden:

$$F(h, k, l) = \sum_j f_j(u) \exp\left\{ 2\pi i(hx_j + ky_j + lz_j) \right\}, \quad u = \frac{\theta}{\lambda}. \tag{3.36}$$

Hierbei sind f_j die Atomformfaktoren und (x_j, y_j, z_j) die Koordinaten des j-ten Atoms in der Elementarzelle. Die Integration der Amplituden der gestreuten Strahlen über die Probendicke führt bei Berücksichtigung des Abweichungsparameters s (in parabolischer Näherung: $s = u^2 \cdot \lambda/2$) zu einer probendickenabhängigen Oszillation der Amplituden (angegeben für [001]-Richtung):

$$\Psi_d(h, k, 0) = \frac{i\lambda}{v} F(h, k, 0) \frac{\sin \pi ts}{\pi s} \exp\left\{ -i\pi st \right\} \tag{3.37}$$

(v – Volumen der Elementarzelle, s – Anregungsfehler, t – Probendicke).

Dabei ist die einfallende Welle auf 1 normiert. Die Oszillationsperioden der einzelnen Reflexe (Extinktionslängen ξ_g) ergeben sich aus Gleichung (3.38)[4]:

$$\xi_g = \frac{v \pi \cos\theta}{\lambda F(h,k,0)} \tag{3.38}$$

(θ – Beugungswinkel).

Formel (3.38) zeigt, daß in diese einfache Beziehung stets nur ein Streufaktor, nämlich der, zu dem die Extinktionslänge berechnet wird, eingeht und keine Wechselwirkungen mit anderen Strahlen zugelassen werden. Die Extinktionslängen geben an, für welche Probendicke die Intensität des jeweiligen Beugungsreflexes ausgelöscht ($t = \xi_g \cdot n$) ist bzw. maximale Werte annimmt ($t = \xi_g/2 + n\xi_g$, n-ganzzahlig).

Für die Modellierung von HREM-Abbildungen dünner kristalliner Proben sind weitere Vereinfachungen zu rechtfertigen, da für die berechneten Bildkontraste meist nur relative Werte interessieren. Die Annahme einer festen $\pi/2$-Phasenverschiebung zwischen Primärstrahl und den gebeugten Strahlen (t und s sehr klein in Gleichung (3.37)), gestattet folgenden Ansatz für die Reflexamplituden im Beugungsbild:

$$\Psi(0, 0, 0) \sim F(0, 0, 0), \qquad \Psi(h, k, l) \sim iF(h, k, l). \tag{3.39}$$

Solche idealisierten kinematischen Beugungsbedingungen sind für schwachstreuende Atome gegeben. Diese Näherung wurde z. B. zur Kontrastsimulation von Kupferphthalocyaninabbildungen verwendet [76]. Auf die nach Gleichung (3.37) bzw. (3.39) berechneten Beugungsbildwellenfunktionen wird der im Abschnitt 3.1. hergeleitete Abbildungsformalismus angewendet, wobei die Kontrastübertragungsfunktion die relativen Phasenlagen der Reflexe weiter modifiziert.

4 Die Definition (3.38) für den Parameter der Extinktionslänge gilt allgemein, die Oszillationsperiode fällt nur für die hier betrachtete Näherung damit zusammen (EWALDsche Pendellösung).

In Abbildung 13 wird das Programmsystem SODIF („simulation of optical diffraction, imaging and filtering") in Form eines Schemas dargestellt. Zur Bildsimulation von HREM-Abbildungen in kinematischer Näherung wird dabei von den Strukturamplituden (CRYST) des untersuchten Kristalles ausgegangen. Unterprogramme zur Kontrastübertragungsfunktion (APDEFO), schnelle Fourier-Transformation (FFT) und ein sehr komfortables Halbton-Überdruck-Programm (GRAPH) sind Bestandteile dieses modularen Systems. Eine ausführliche Beschreibung hierzu wird in [48] gegeben. Das Programmsystem sieht neben der Bildmodellierung von Hochauflösungsabbildungen auch Verfahren der Bildverarbeitung (bis 256 X 256 Pixels) vor. Das wird durch die Programmteile INPUT, MAT und FILT realisiert. Beispiele für die Anwendung von SODIF zur Bildinterpretation von Hochauflösungsaufnahmen, die eine kinematische Behandlung der Elektronenbeugung zulassen, folgen in Kapitel 4. Dagegen enthält Kapitel 5. praktische Beispiele für den Einsatz dieser Programme zur digitalen Bildverarbeitung.

Wie bereits in Kapitel 2. und bei der Herleitung des „multi-slice" Formalismus erwähnt, sind die „Phasenobjekt" („phase object" **PO**)-Näherung und die „schwache-Phasen-Objekt" („weak-phase object" **WPO**)-Näherung gebräuchliche Beschreibungen der Elektronenstrahl—Proben Wechselwirkung. Diese Methoden setzen sehr dünne kristalline Proben mit geringem Streuvermögen voraus [17]. Die Wechselwirkung erfolgt in Form von Phasenverschiebungen in der Elektronenwelle, wobei Amplitudenänderungen und Absorption ausgeschlossen werden. Die Objekttransmissionsfunktion lautet in Phasen-Objekt-Approximation:

$$q(x, y) = \exp\left\{ -i\sigma V_p(x, y)\, t \right\}, \quad \sigma = \frac{\pi}{V\lambda} \tag{3.40}$$

(V_p ist das projizierte Kristallpotential auf der Grundlage der Strukturamplituden, t — Probendicke, σ — Wechselwirkungskonstante).

Wenn die Bedingung $\sigma V_0 t \ll 1$ (V_0 mittleres inneres Potential) erfüllt wird, ist eine TAYLOR-Entwicklung des Exponentialausdrucks (3.40) möglich. Die Objekttransmissionsfunktion in WPO-Näherung hat folgende Form (schwaches Phasen-Objekt):

$$q(x, y) = 1 - i\sigma V_p(x, y) \cdot t\,. \tag{3.41}$$

Typische Werte sind: $V_0 = 10$ V, $\sigma = 9 \cdot 10^{-3}$ nm^{-1} V^{-1}; somit folgt als Abschätzung für die zulässige Probendicke $t \leqslant 2$ nm.

Alle bisher behandelten Verfahren zur Bildmodellierung berücksichtigen den elektronenoptischen Abbildungsprozeß in Form mehr oder weniger komplizierter Kontrastübertragungsfunktionen. Wenn zusätzlich zur kinematischen Beschreibung der Elektronenstreuung in der Probe („phase grating approximation") der Einfluß der sphärischen Wellenaberrationen durch die Objektivlinse vernachlässigt wird, ergibt sich die Methode der projizierten Ladungsdichte

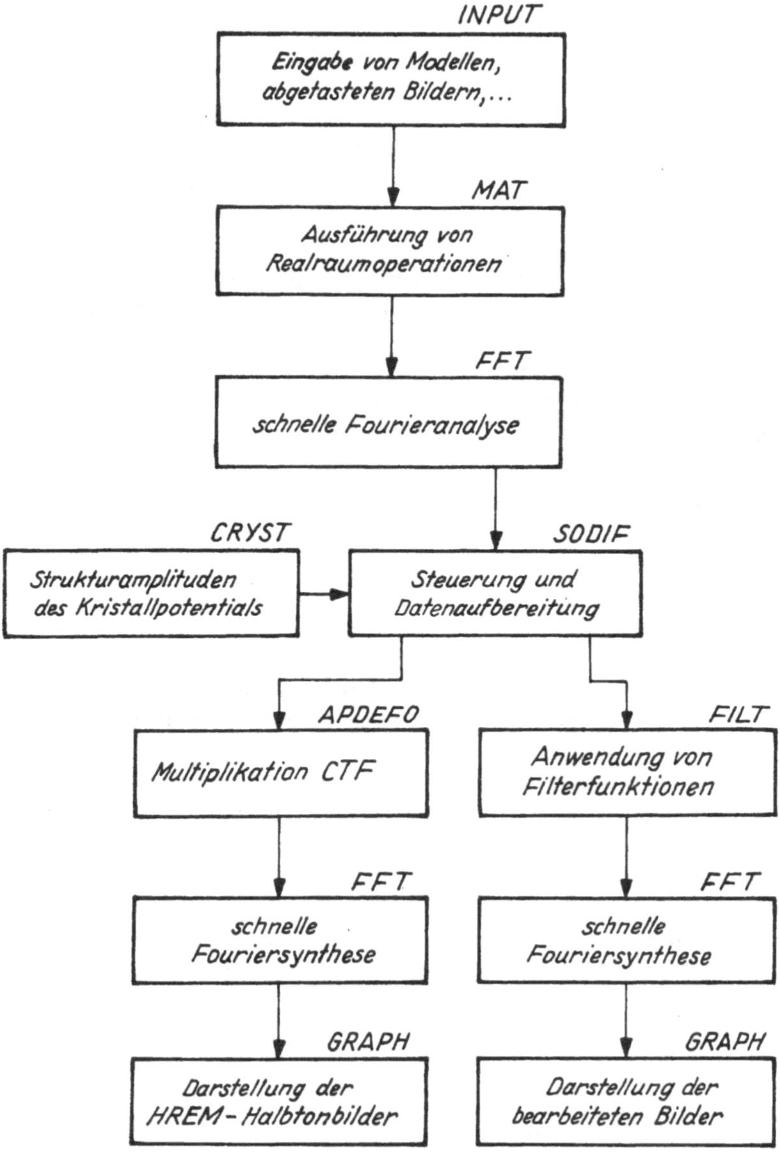

Abb. 13. Schema zur HREM-Kontrastsimulation in kinematischer Näherung (Programmsystem SODIF)

(„projected charge density approximation" **PCD**). Diese Näherung faßt den Streu- und den Abbildungsprozeß in einer Formel zusammen; die Bildintensität ist linear mit der Defokussierung verknüpft:

$$I(x, y) = 1 + 2\,\Delta\,\lambda\,\sigma\,\rho\,(x, y). \tag{3.42}$$

$\rho(x, y)$ ist die projizierte Ladungsdichte, die nach folgender Gleichung berechnet wird:

$$\rho(x, y) = 16\pi^2 t \sum_h \sum_k F(h, k, 0)\, u^2 \exp\left[-2\pi i \left(\frac{hx}{a} + \frac{ky}{b}\right)\right] \tag{3.43}$$

(F – Strukturamplituden, t – Probendicke, $u = \frac{1}{d} = \frac{\theta}{\lambda}$).

Diese Näherung ist in ihrer Gültigkeit neben der sehr geringen Probendicke auch im Hinblick auf die Auflösung stark eingeschränkt. Kontrastumkehr und Effekte im Auflösungsbereich $r \leqslant 0{,}6$ nm können nicht beschrieben werden.

4. Anwendungen der Computersimulation zur Bildmodellierung in der Hochauflösungs-Elektronenmikroskopie

Die Anwendung der Computersimulation zur quantitativen Interpretation experimenteller HREM-Abbildungen in der in Kapitel 3. angegebenen Weise setzt die Kenntnis eines geeigneten Modells des Objekts voraus. Perfekte Kristalle werden dabei durch den speziellen Aufbau ihrer Elementarzellen charakterisiert, der durch Anwendung der Röntgenkristallstrukturanalyse oder durch Auswertung der Elektronenbeugungsdiagramme zugänglich wird. Gestörte Kristalle erfordern ein geometrisches Modell der Kristalldefekte und die Bestimmung der daraus folgenden elastischen und elektrischen Eigenschaften. Dazu werden z. B. die Gleichungen der linearen Elastizitätstheorie herangezogen oder zusätzliche Analysemethoden, um auf experimentellem Wege die Defekte zu charakterisieren. Eine Bestimmung der chemischen Zusammensetzung von Proben kann z. B. mit NMR (Magnetische Kernresonanzspektroskopie) oder EDS (Energiedispersive Röntgenstrahlspektroskopie) erfolgen. Außer der modellmäßigen Beschreibung der Kristallstruktur und ihrer Störungen durch die Angabe des Kristallpotentials müssen die kristallographische Orientierung der Probe im Elektronenmikroskop und die Abbildungsbedingungen bekannt sein. Informationen über die Orientierung erhält man aus der Probenpräparation bzw. der Vorbehandlung; in der Regel müssen aber Elektronenbeugungsdiagramme (eventuell „KIKUCHI-patterns") oder optische Beugungsbilder der Abbildung ausgewertet werden. Die optische Beugung von HREM-Abbildungen (siehe Abschnitt 5.2.) liefert notwendige Informationen zur Auflösung in der Abbildung. Auf diese Weise können die Zahl der an der Abbildung beteiligten Strahlen, Orientierungsbeziehungen der einzelnen Reflexsysteme, Aussagen zur Umweganregung usw. gewonnen werden.

In diesem Kapitel folgen ausgewählte Beispiele zur Bildmodellierung, wobei der enge Bezug zum Experiment im Vordergrund steht („image matching"). Andererseits haben z. B. die methodischen Untersuchungen zur Strukturabbildung von Silicium, sowohl die Elektronenbeugung in der Probe (Umweganregung) als auch den elektronenoptischen Abbildungsprozeß (Fokustiefe, aberrationsfreier Fokus) betreffend, optimierend auf den Präparier- und Mikroskopierprozeß rückgewirkt. Das gleiche gilt für Untersuchungen zur Abbildbarkeit von Punktdefekten („interstitials" und „vacancies") in diesem technologisch wichtigen Werkstoff. Im Abschnitt 4.1. werden alle im Kapitel 3. behandelten Verfahren zur Simulation des Bildkontrasts von Idealkristallen anhand von Bildbeispielen diskutiert. Die Abbildungen kleiner Kristalldefekte bis hin zu Leerstellen und Zwischengitteratomen unter Hochauflösungsbedingungen sind Gegenstand von Abschnitt 4.2.

4.1. Kontrastberechnung der Abbildungen von Kristallgittern und Molekülstrukturen

Die Simulation von HREM-Abbildungen für ungestörte Kristalle verwendet als Ausgangspunkt zur Bildberechnung ein atomistisches Modell der Probe, d. h. die Struktur der Elementarzelle und die speziellen Streueigenschaften der besetzten Gitterplätze. Die Kontrastberechnungen für eine bestimmte Probenorientierung erfolgen mit diesen so gewonnenen Daten nach den in Kapitel 3. gegebenen Verfahren. Dabei unterscheiden sich die einzelnen angewendeten Methoden beträchtlich in ihrem numerischen Aufwand. Das gilt zum einen für den Programmieraufwand und den Umfang der Computerprogramme, zum anderen wächst die Rechenzeit bei der Nutzung der Simulationsprogramme im allgemeinen mit der Qualität der Näherung. Beispielsweise ist es sinnvoll, für Hochauflösungsprobleme, die eine kinematische Beschreibung der Wechselwirkung Elektronenstrahl–Probe zulassen, diese relativ einfache Näherung zu verwenden. Dabei dient als Kriterium für die Gültigkeit der kinematischen Näherung bei dünnen Proben ($t \leqslant 10$ nm) oft der Vergleich mit der experimentellen Abbildung, wobei routinemäßig auch die optische Beugung eingesetzt wird. Zusätzlich kann durch eine dynamische Rechnung der Probendickenbereich bestimmt werden, für den die kinematischen Beugungsbedingungen hinreichend gut erfüllt sind. Dabei spielt auch die Probenkippung eine Rolle, da beim Übergang von einer zentralen LAUE-Orientierung zum BRAGG-Fall die Änderung der Anregungsfehler zu dynamischen Beugungsbedingungen führt. Die im allgemeinen große Zahl von Versuchen zur Modellierung des Bildkontrastes bis zu einer befriedigenden Übereinstimmung Experiment–Simulation erfolgt dann kinematisch.

Ein Beispiel zur Interpretation von Hochauflösungsabbildungen durch Bildmodellierung mit kinematischen Verfahren wird in den folgenden Abbildungen gegeben. Die Substanz Y-Al-Granat (YAG, $Y_3Al_5O_{12}$), ist von großer praktischer Bedeutung; sie dient wegen ihrer außergewöhnlichen optischen Eigenschaften als kristallines Lasermaterial. Granat bildet kubische Kristalle mit einer Gitterkonstanten $a = 1{,}2$ nm, d. h. die reziproken Gittervektoren sind relativ klein. Dadurch ist es möglich, bei geringer Auflösung (Laserbeugung ergab eine Auflösung von 0,32 nm) eine Abbildung mit einer Feinstruktur innerhalb der Elementarmasche zu erhalten. Aus diesem Grunde ist Granat eine geeignete Substanz für methodische Untersuchungen der HREM-Interpretationsverfahren. In Abbildung 14 (s. Tafelteil) wird die experimentelle HREM-Abbildung eines (111)-orientierten Granatkristalls (b) mit modellierten und angepaßten Bildkontrasten verglichen [116]. Teil (c) zeigt ein nach der Methode der projizierten Ladungsdichte (PCD) berechnetes Bild. Diese Figur gibt die korrekte Anordnung der einzelnen Atome wieder, wie ein Vergleich mit der projizierten Atomanordnung in Teilbild a) ergibt, aber die Intensität an speziellen Punkten der Elementarmasche weicht stark von den experimentellen Ergebnissen ab. Da beim PCD-Algorithmus die Defokussierung linear mit der Bildintensität verknüpft ist und Aberrationen unberücksichtigt bleiben, kann mit diesem Verfahren keine bessere Annäherung des experimentellen Bildes erfolgen. Andererseits liefert eine kinematische Bildkontrastsimulation unter Berücksichtigung der SCHERZERschen Kontrastübertragungsfunktion (Programm SODIF) eine gute Beschreibung der Strukturabbildung dünner Granatproben (d). Selbstverständlich können bei einer Auflösung von 0,32 nm, was einem 30-Strahl-Fall entspricht, nicht einzelne Atome, sondern nur größere Atomgruppen getrennt abgebildet werden. Eine Defokussierungsserie von (111)-YAG-Abbildungen, die alle wesentlichen Effekte wiedergibt, wird in Abbildung 15 (s. Tafelteil) gezeigt. Die elektronenoptischen Parameter lauten: V = 100 kV, c_s = 1,4 mm, α = 0,01 (30 Strahlen). Bei einer Änderung der Defokussierung von 40 nm auf 70 nm tritt Kontrastumkehr auf, wobei in der Nähe des SCHERZER-Fokus ($\Delta_s \approx$ 85 nm) die streuenden Atome dunkel erscheinen (Normalkontrast). In Abbildung 16 (s. Tafelteil) sind für die gegebenen elektronenoptischen Parameter ein experimentelles und ein modifiziertes HREM-Bild von YAG (111) aneinander angepaßt („image matching"). Für einen direkten visuellen Vergleich ist ein hohes Maß an photographischem Aufwand erforderlich. Die Vergrößerung, die Hintergrundschwärzung und die Gradation beider Teile müssen einander entsprechen. Dazu ist es sinnvoll, die beim Halbtondruck des berechneten Bildkontrastes verwendete Überdruckskala, durch photometrischen Vergleich mit der Gradation der elektronenmikroskopischen Photoplatte zu optimieren [117]. In Abbildung 17 (s. Tafelteil) ist ein Beispiel für das Druckprotokoll des Programms SODIF gegeben. Zu jeder modellierten Abbildung a) wird die zugehörige Kontrastübertragungsfunktion dargestellt c). Der Realteil cos (χ) und der Imaginärteil sin (χ) beschreiben, wie im Abschnitt 3.1. behandelt, die Phasenverschiebung der Beugungsreflexe als Funktion des Beugungswinkels. Im Teilbild b) ist ein Histogramm der berechneten Bildintensität zu sehen, der untere Teil zeigt die angepaßte Grauskala.

Im Gegensatz zu diesen kinematischen Verfahren, die keine explizite Aussage zur Dickenabhängigkeit des Bildkontrastes machen, sondern nur den diskutierten begrenzten Gültigkeitsbereich haben, stehen die Methoden mit einer dynamischen Behandlung des Elektronenbeugungsprozesses. Zur Deutung vieler Kontrastphänomene ist es unerläßlich, dynamisch zu rechnen, wie an den folgenden Beispielen mit Hilfe des „multi-slice" Algorithmus bzw. durch eine direkte Lösung des Eigenwertproblems der Elektronenbeugung gezeigt wird. Bei der Strukturabbildung des Halbleiterwerkstoffes Silicium erfolgt eine starke Beeinflussung des Bildkontrastes durch die Probendicke und geringe Probenkippungen. Nur für sehr spezielle Beugungsbedingungen ist es möglich, Abbildungen zu erzielen, die als projiziertes Kristallpotential, was ja das Ziel der Strukturabbildung ist, interpretiert werden können. Dazu sind von der

Seite der Elektronenoptik hohe Anforderungen an die Stabilität des Elektronenmikroskops, d. h. an die Fokustiefe δf, zu stellen, und es müssen aberrationsfreie Fokussierungen eingehalten (siehe Abschnitt 3.1.) werden.

In Abbildung 18 werden mit Hilfe des „multi-slice" Verfahrens berechnete Reflex-Intensitätsprofile für Si(110) gezeigt. Die Kurven geben die Intensitätsoszillationen der wichtigsten Reflexe – {111}, {002}, {220}, {113}, {004} – als Funktion der Probendicke wieder, wobei es wesentlich ist, daß der dynamische Effekt des Energieaustausches zwischen den gebeugten Strahlen auch die kinematisch verbotenen {002}-Reflexe durch Umweganregung erfaßt. Der Nullstrahl hat für eine Probendicke von etwa 13 nm sein erstes Minimum, das aus Gründen der Energieerhaltung mit den Maxima der starken gebeugten Strahlen zusammenfällt. Wenn die Siliciumprobe geringfügig verkippt wird und der (002) Reflex in BRAGG-Lage kommt, ergibt sich durch die veränderten Anregungsfehler ein starkes Maximum für den (002) Reflex bei einer Probendicke von 26 nm. Der $(1\bar{1}3)$ Reflex hat für 16 nm Probendicke ein ausgeprägtes Maximum. Wenn man davon ausgeht, daß die jeweils stärksten Reflexe das Kontrastverhalten der Abbildung bestimmen, so sind Bilder zu erwarten, die nicht als einfache Projektion der Atome zu deuten sind. Zusätzlich wird der Bildkontrast durch die elektronenoptischen Aberrationen modifiziert.

Den mit dem „multi-slice" Verfahren berechneten Intensitätskurven der Abbildung 18 werden Rechnungen auf der Grundlage der Eigenwertgleichungen in Abbildung 19 gegenübergestellt. Zweck dieses Vergleiches ist die Begründung der Anwendungsgrenzen beider Verfahren und die Untersuchung ihrer eventuellen Vor- bzw. Nachteile. Im vorliegenden, für die Hochauflösung interessanten Beispiel der Abbildung 19, wurde mit dem gleichen Satz von Fourierkoeffizienten des Kristallpotentials wie in Abbildung 18 gerechnet. Die Koeffizienten wurden durch das Programm CRYST bereitgestellt und beziehen sich auf die Beugung an Silicium in [110]-Einstrahlrichtung, wobei die Absorption zum Vergleich auch in den Teilbildern a und b vernachlässigt wurde. Die Teilbilder c bis f hingegen wurden mit einem einfachen Absorptionsmodell [118] berechnet. Es wurde als Absorptionskoeffizienten $V'_g = \frac{1}{10}|V_g|$ für alle Reflexe vorausgesetzt, d. h. alle Streuzentren absorbieren in gleicher Weise. Der Parameter $\vec{P}$ der Abbildung 19 stellt die Abweichung von der vorgegebenen [110]-Einstrahlrichtung dar, d. h. $\vec{P}$ beschreibt die Pollage der [110]-Einstrahlrichtung im Beugungsbild bzw. $2\vec{P}$ den Schnittpunkt der EWALD-Kugel mit der Beugungsebene, der diametral zu (000) liegt. Die Werte sind $\vec{P}$ = (000) in a und c, $(00\frac{1}{5})$ in b, (001) in d, (002) in e und f. Somit geben a und c die symmetrische oder zentrale Einstrahlung, d. h. die exakte Pollage wieder. Im Fall d wird der kinematisch verbotene (002) Reflex angeregt, während e bzw. f die exakte BRAGG-Anregung des starken (004) Reflexes darstellen. Gerechnet wurde mit dem Eigenwertprogramm BLCH für die 41 Reflexe: (000), {001}, {110}, {111}, {002}, {112}, {220}, {003}, {221}, {113}, {222}, {004}, {331} und {224}. Die

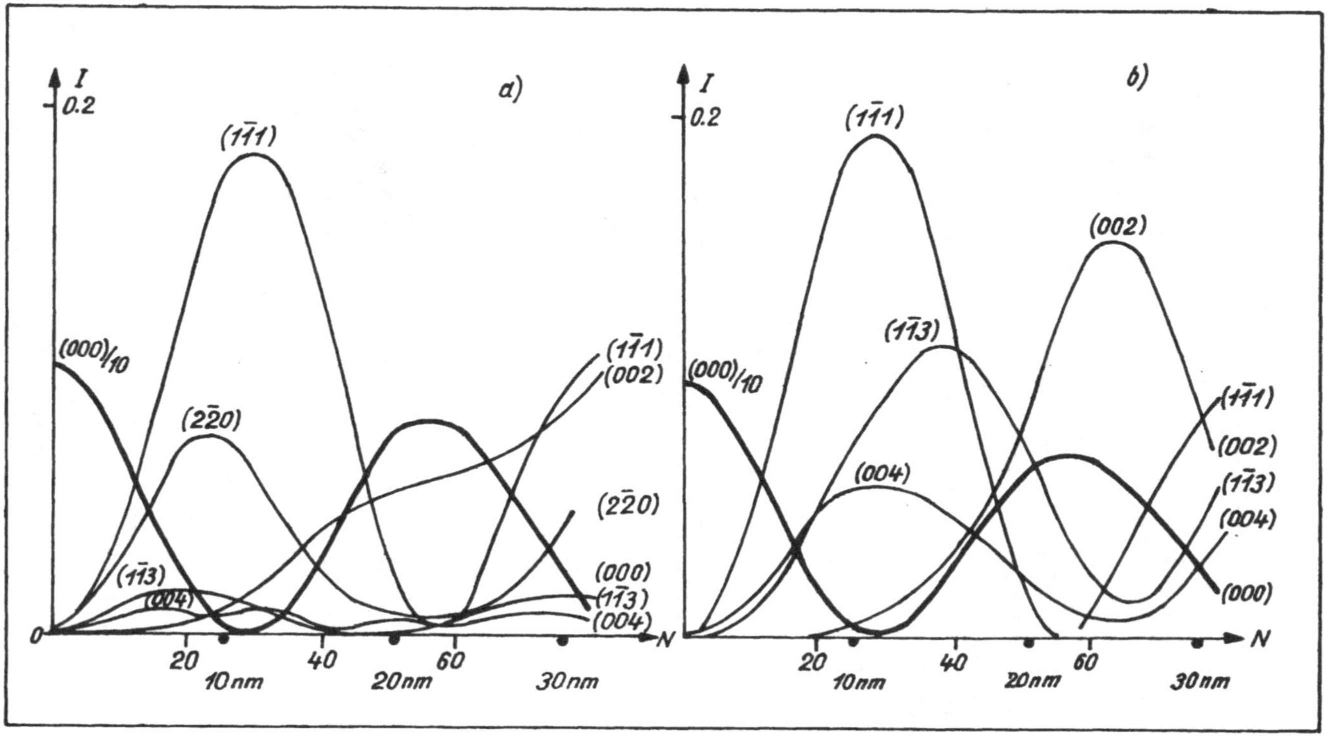

Abb. 18. Reflexintensitätsprofile zur Silicium (110)-HREM-Abbildung
a) zentrale Einstrahlung
b) (002)-Reflex in BRAGG-Lage

Rechnungen ergaben für die kinematisch verbotenen Reflexe {001}, {110}, {112}, {003} und {221} auch im dynamischen Fall vollkommene Auslöschung, während die Reflexe {002} und {222} durch Umweganregung Intensität erhalten. Werden die durch dynamische Umweganregung nicht betroffenen Reflexe in der Eigenwertmatrix nicht berücksichtigt, sondern durch Reflexe mit größerem reziproken Gitterabstand ersetzt, dann erhält man in den Fällen der Abbildung 19 nur geringfügige Änderungen der gezeigten Ergebnisse. Ebenso zeigen Vergleichsrechnungen mit dem Programm COLL, d. h. unter Berücksichtigung der rückgestreuten Elektronen, keine wesentlichen Abweichungen vom dargestellten Ergebnis. Somit können die in Abbildung 19 gegebenen Intensitätskurven als exakte Lösung des Eigenwertproblems im vorliegenden Fall angesehen werden. Ein Vergleich von Abbildung 18a zeigt Übereinstimmung mit Teilbild 19a, d. h. im Fall dünner Proben mit geringer Absorption liefert auch die „multi-slice" Näherung völlig exakte Intensitätsverläufe. Die „multi-slice" Näherung benötigt für dünne Folien sehr viel weniger Rechenzeit als die Lösung des Eigenwertprogramms. Wenn die Probendicke größer als einige zehn Nanometer wird, werden die Zeiten vergleichbar, da die Rechenzeit im Falle der Eigenwertlösung nahezu unabhängig von der Probendicke ist. Bei der Lösung des Eigenwertproblems erhält man die Eigenwerte und Eigenvektoren, so daß eine physikalisch anschauliche Deutung des Beugungsverhaltens anhand der BLOCH-Wellen möglich wird. Für den Fall großer Reflexzahlen, z. B. bei gestörtem Potential, ist die numerische Ermittlung der Eigenwertlösungen praktisch nicht mehr durchführbar.

Die Diskussion der Kurvenverläufe der Abbildung 19 kann analog zur Abbildung 18 erfolgen und soll deshalb hier nicht wiederholt werden. Bemerkenswert ist jedoch der stetige Übergang für die Umverteilung der Intensität wenn der Kipparameter $\vec{P}$ nur wenig variiert. So zeigt der Vergleich der Teilbilder a und b, daß eine geringe Kippung der Probe eine geringe Veränderung der Intensitätsverläufe bewirkt, wobei auf verschiedenen Seiten zur Kippachse (bei $\vec{P} = x \cdot (002)$ ist das die $[\bar{1}10]$-Achse) liegende Reflexe unterschiedlich angeregt werden. Bei symmetrischer Einstrahlung zeigen gleichweit vom Nullreflex liegende Reflexe stets gleiche Intensität (FRIEDELsche Regel). Diese Aussage gilt nicht mehr allgemein für den absorbierenden Kristall, wie Teilbild c zeigt. Für das spezielle, hier gewählte Absorptionsmodell, tritt wegen der Nicht-Zentrosymmetrie von Silicium auch bei symmetrischer Anregung eine Verschiebung der Intensitätskurven diametral zum Nullreflex gelegener Reflexe auf (Verletzung der FRIEDELschen Regel, siehe z. B. auch [118, 119]). Der Vergleich von Abbildung 19a mit c läßt weiterhin erkennen, daß für Dicken $t \leqslant 20$ nm die Einflüsse der Absorption relativ unbedeutend, für größere Dicken aber intensitätsbestimmend sind. Dabei ist aber stets zu beachten, daß die absolute Intensitätsschwächung aller Strahlen (normale Absorption), durch Erhöhung der Belichtungszeit kompensiert werden kann, was bei der Beurteilung experimenteller Bilder von Bedeutung ist.

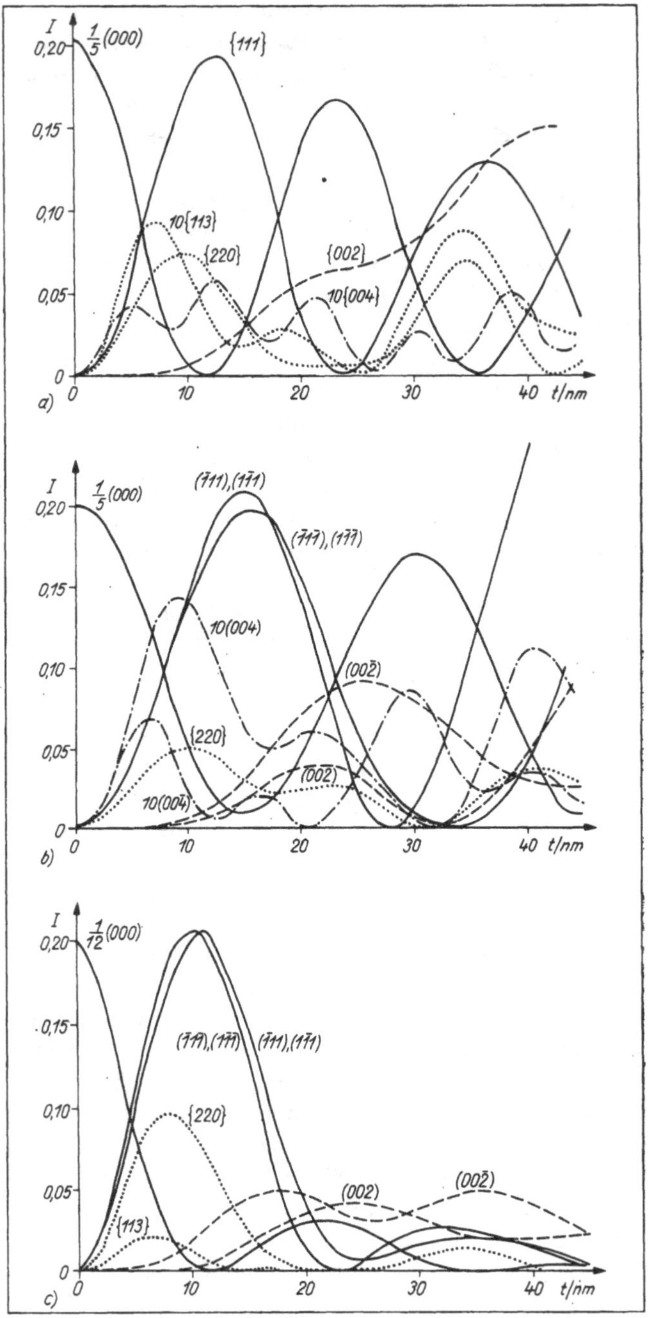

Abb. 19a, b, c. Reflexintensitätsprofile zur Silicium (110)-HREM-Abbildung: a, b ohne, c bis f mit Absorption ($V'_g/V_g = 0{,}1$). Pollage $\vec{P}$ = (000) in a, c; (00 $\frac{1}{5}$) in b, (001) in d, (002) in e, ($\bar{2}20$) in f

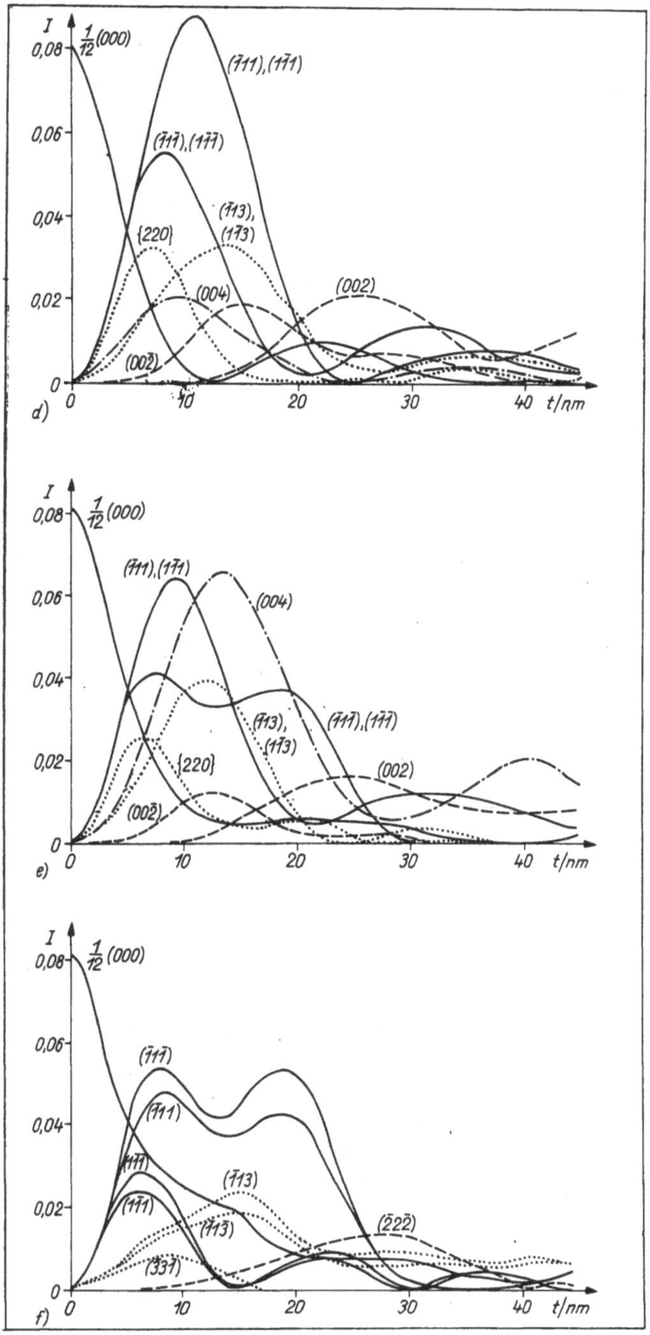

Abb. 19d, e f.

Die Kippserie Abbildung 19d und e in (002)-Pollage, d. h. um die [$\bar{1}$10]-Achse zeigt, daß hier die Aufspaltung durch Absorption und Kippung in gleicher Weise wirkt. Abbildung 19d ist dabei die zu Abbildung 18b gehörige Vergleichsrechnung mit Absorption; bemerkenswert ist die Wichtung der {002} und {004} Reflexe und die Aufspaltung (00$\bar{2}$) zu (002) in Abhängigkeit von der Kippung $\vec{P}$. Der Fall der Abbildung 19f, Kippung um die [001]-Achse in die ($\bar{2}$20)-Pollage, zeigt im Vergleich zu Teilbild e unterschiedliche Intensitätskurven aller vier {111}-Reflexe. Solche Intensitätsunterschiede sind gekoppelt mit unterschiedlichen Dickenabhängigkeiten der Phasen für die einzelnen Reflexe. Die weiter unten angedeutete Diskussion der Auflösung von 0,14 nm bzw. 0,18 nm Gitterperiodizität [120] basiert auf solchen Untersuchungen. So läßt z. B. die in Abbildung 19e zwischen 30 und 40 nm Dicke nahezu gleiche Intensität der starken Reflexe ($\bar{1}$11), (1$\bar{1}$1), (002) und (004) die bildbestimmende Wechselwirkung nur von diesen erwarten.

In den nächsten beiden Bildtafeln werden simulierte Strukturabbildungen von Silicium (110) gezeigt, wobei ein aberrationsfreier Fokus ($\Delta = -8{,}7$ nm) und eine Fokustiefe von 1,0 nm angenommen sind (siehe Abschnitt 3.1.). Abbildung 20 (s. Tafelteil) zeigt die Abhängigkeit des Bildkontrastes von der Probendicke. Das projizierte Potential wird nur für geringe Kristalldicken mit korrekten Atomabständen (0,14 nm) abgebildet, wie die Kurven in den Abbildungen 18a und 19a erwarten ließen. Bei Annahme der in Abbildung 18b berücksichtigten Probenkippung in Abbildung 21 (s. Tafelteil) wird das Auftreten von virtuellen Atomabständen in den berechneten Abbildungen noch offensichtlicher. Bei einer Kristalldicke von 16 nm (N = 40) hat der (1$\bar{1}$3)-Reflex ein Maximum und in der Abbildung treten scheinbare Atomabstände von 0,18 nm auf. Für eine Probendicke von 26 nm (N = 70) sieht der Bildkontrast sogar wie eine nur schwach modifizierte (002)-Netzebenenabbildung aus.

Ein experimentelles Beispiel zur „Strukturabbildung" von (110)-orientiertem Silicium wird in Abbildung 22 (s. Tafelteil) gegeben. Das optische Beugungsbild belegt durch die starken (002) Reflexe, daß die beschriebene Umweganregung stattfindet. Die schwachen (004) Reflexe sind nicht ausreichend, um den korrespondierenden Atomabstand von 0,14 nm im Bild wiederzugeben. Dabei spielt auch die Stabilität des Elektronenmikroskops während der Belichtungszeit der Photoplatte eine Rolle. Wenn die Konstanz der Beschleunigungsspannung und des Linsenstromes sowie die Kohärenz unter einen kritischen Wert sinken (in Abbildung 9 wird die Fokustiefe von 0,15 nm auf 4 nm verschlechtert), verhindert die Enveloppe der Kontrastübertragungsfunktion durch starke Dämpfung der höheren Beugungsreflexe eine Strukturabbildung. In Figur 23 (s. Tafelteil) sind Abbildungen von Si(110) modelliert, wobei für sonst optimale Bedingungen (Probendicke, aberrationsfreier Fokus) die Fokustiefe variiert ist. Wie die Kontrastübertragungsfunktionen aus Abschnitt 3.1. (Abb. 9) zeigen, können 0,14 nm, die eine Abbildung des (004) Reflexes erfordern, nicht aufgelöst werden. Die Zusammenstellung dieser modellierten Bildkontraste verdeutlicht, daß HREM-Abbildungen sowohl hinsichtlich der Probenpräparation (Dicke, Orientierung) als auch bezüglich des Abbildungsvorganges (δf, AFF) sehr scharfe Bedingungen erfüllen müssen. Die hier angenommenen Abbildungsparameter, insbesondere die Fokustiefe δf, sind sehr schwer experimentell realisierbar. Für Probendicken ($t \approx 30$ nm), bei denen die Intensität des Primärreflexes vergleichbar bzw. kleiner als die der gebeugten Strahlen {002}, {111} ist, können Interferenzeffekte dieser Reflexe untereinander kontrastbestimmend werden (siehe Diskussion Abb. 19). Diese sogenannten „lattice interference images" [121] stellen wesentlich geringere Anforderungen an das Abbildungssystem (AFF, δf) und können mit wesentlich höherer experimenteller Wahrscheinlichkeit „structure like images", mit einer scheinbaren Auflösung von 0,18 nm zwischen den benachbarten Atomreihen, liefern [120, 122].

Das nächste Beispiel behandelt die Untersuchung der Realstruktur von Silikaten durch Hochauflösungsabbildung. Die Struktur von Pyrophyllit als einem speziellen Schichtsilikat ist aus der Röntgenbeugung für große Kristallbereiche, also integral, bekannt. Dabei wurden zwei polytype Modifikationen nachgewiesen, die $2M_1$- und die 1Tc Strukturvariante. Das Symbol zur Kennzeichnung der polytypen Modifikationen gibt die Zahl der Schichtfolge, das BRAVAIS-Gitter (M – monoklin, T – triklin) und die Richtung der Stapelung (z. B. c-Achse) an. Mit Hilfe der HREM-Abbildungstechnik ist der Nachweis möglich, ob über größere Kristallbereiche eine der beiden Polytypen dominiert, oder lokal Stapel-Irregularitäten vorliegen. Die ⟨110⟩ Orientierung des Probenkristalls ist zur elektronenmikroskopischen Untersuchung der Realstruktur von Pyrophyllit geeignet, weil in diesem Fall die Silikatschichten in Schichtrichtung gezeigt werden [123]. In Abbildung 24 (s. Tafelteil) sind mit Hilfe des „multi-slice" Algorithmus simulierte Hochauflösungsabbildungen von (110)-orientiertem Pyrophyllit zu sehen. Als Kristallmodell wurde der $2M_1$-Typ, d. h. eine alternierende Stapelfolge, zugrunde gelegt.

Die modellierten Bildkontraste sind von der Probendicke ($t = 5, 10, 20$ nm) und von der Defokussierung ($\Delta = 35, 90, 120$ nm) abhängig. Zur berechneten Abbildung tragen 15 Strahlen bei, was einer Auflösung von 0,38 nm entspricht. Ein Vergleich der simulierten Bilder mit der (110) Atomprojektion [124] zeigt, daß für eine Unterfokussierung von $\Delta = 35$ nm das Kristallpotential korrekt abgebildet wird. Für einen relativ großen Probendickenbereich ($t \leqslant 15$ nm) kann dabei die Gitterstruktur mit umgekehrtem Kontrast sichtbar gemacht werden. Die Defokussierung hat einen stehr starken Einfluß auf die Abbildung. Eine Fokussierungsänderung auf $\Delta = 120$ nm ($t = 5, 10$ nm) suggeriert in der Abbildung eine falsche, uniforme Stapelfolge, weil sich die Bildkontraste auf Grund geänderter Phasenlagen anders synthetisieren. Das hat für die elektronenmikroskopische Praxis zur Folge, daß zur Untersuchung des Polytypismus von Pyrophyllit ganze Defokussierungsserien auszuwerten sind. In der nächsten Abbildung (Abbildung 25 – s. Tafelteil) sind elektronenmikroskopische Hochauflösungsabbildungen von (110)-orientierten Pyrophyllitkristallen dargestellt.

Auf der rechten Seite ist ein Kristallbereich abgebildet, in dem sowohl Silikatschichten mit $2M_1$ Stapelfolge (alternierend) als auch solche mit 1Tc (uniform) Struktur auftreten. Zur Untersuchung des Polytypismus wird dabei die optische Beugung sehr kleiner Kristallbereiche herangezogen. Die linke Seite der Abbildung zeigt einen ungestörten $2M_1$ Kristallbereich. Eine angepaßte simulierte Strukturabbildung ist als Bildeinlage gegeben. Dabei sind folgende Parameter verwendet:

$$V = 100\ \mathrm{kV}, \quad c_s = 1{,}4\ \mathrm{nm}, \quad \Delta = 35\ \mathrm{nm}, \quad r = 0{,}38\ \mathrm{nm}.$$

Die hier behandelten „multi-slice" Berechnungen von Silicium bzw. Pyrophyllit berücksichtigen bei der Elektronenbeugung im Kristall etwa 100–150 Strahlen. Bei der Simulation von Defektabbildungen in Kapitel 4.2. steigt der numerische Aufwand beträchtlich.

4.2. Kontrastberechnungen der Abbildungen kleiner Kristalldefekte

Ähnlich, wie in Kapitel 4.1. für ungestörte Kristalle, soll nachfolgend anhand ausgewählter Beispiele die Kopplung der Berechnung des Wechselwirkungs- mit dem Abbildungsprozeß bei Kristallen mit Gitterfehlern demonstriert werden. Die Interpretation der Abbildungen (Beugungskontrast oder HREM-Abbildungen) erfordert die Berücksichtigung beider Prozesse, wenn Defekte oder Teilbereiche des Kontrastes eine Auflösung besser als 1 nm erlauben sollen. Kristalldefekte, die solche hohe Auflösung erfordern, sollen nachfolgend kleine Defekte genannt werden. Im Abschnitt 3.2.1.1. wurde gezeigt, daß die Säulenapproximation auch für Rechnungen mit einer Auflösung kleiner etwa 1 nm noch gültig bleibt und dann durch Kombination von Beugungskontrastrechnungen (Abschnitt 3.2.1.1.) mit Rechnungen des Abbildungsprozesses (Abschnitt 3.1.) der Bildkontrast kleiner Defekte ermittelt werden kann. Deshalb werden zunächst solche Rechnungen in Bildbeispielen gezeigt, wo die Beugungskontrastamplituden mit Hilfe der HOWIE-WHELANschen Gleichung ermittelt wurden und anschließend der Fourierformalismus zur Berücksichtigung des Abbildungsprozesses angewandt wurde. Darauf folgend werden Beispiele gezeigt, in denen dieser Formalismus zur Berechnung von Netzebenen-(Mehrstrahl)-Abbildungen verwendet wird. Noch existieren keine gesicherten Grenzen für die Anwendbarkeit dieses Formalismus, für atomare Defekte hat sich aber der Einsatz der „multi-slice" Technik als vorteilhafter erwiesen. Die das Kapitel abschließenden Beispiele sind deshalb ausschließlich diesem Fragenkreis gewidmet.

Unabhängig von dem Problem des gewählten Berechnungsverfahrens ist die

Wahl eines geeigneten Defektmodells in jedem Fall von entscheidender Bedeutung, weshalb in diesem Kapitel die verwendeten Modelle der Gitterbaufehler relativ ausführlich behandelt werden.

Die Abbildungen 26 und 27 (s. Tafelteil) zeigen den Einfluß des Abbildungsprozesses auf den Bildkontrast kleiner hexagonaler Versetzungsringe. Dabei wird in Abbildung 26 die Abhängigkeit des Bildkontrastes von der Ringgröße untersucht, während das Beispiel der Abbildung 27 die genaue Abhängigkeit des Hellfeldkontrastes von den Abbildungsparametern Defokussierung Δ und sphärische Aberration c_s behandelt. In beiden Abbildungen wurde der unbeeinflußte Beugungskontrast des Versetzungsringes, d. h. die Berechnung des Kontrastes mit den HOWIE-WHELAN-Gleichungen bei Defokussierung $\Delta = 0$ und sphärischer Aberration $c_s = 0$, im linken oberen Teilbild wiedergegeben. Somit entspricht jeweils das linke obere Teilbild idealen Abbildungsbedingungen.

Als Defektmodell diente ein hexagonaler Versetzungsring, der durch stückweise gerade Versetzungen unter Verwendung von sechs Winkelversetzungen zusammengesetzt wurde [117, 125]. Dies ist möglich auf Grund der Gültigkeit des Superpositionsprinzips in der linearen Elastizitätstheorie, wodurch alle überflüssigen Versetzungsenden annihiliert werden können. Die verwendeten Parameter für den Versetzungsring in Abbildung 26 lauten: BURGERS-Vektor $\vec{b} = \frac{1}{2}[011]$, Ringnormalenvektor $\vec{n} = [1\bar{1}1]$, Foliennormale gleich Einstrahlrichtung $\vec{e} = [110]$, Tiefe des oberflächennahesten Ringsegments $t_o = 1{,}4\ \xi_g$, Foliendicke $t = 4{,}8\ \xi_g$ und Ringdurchmesser (Umkreis) $d = 0{,}26\ \xi_g$. Die gewählten Abbildungsbedingungen entsprechen der exakten Anregung des $\vec{g} = (004)$ Reflexes ($s_{004} = 0$) und ergeben somit die kontrastbestimmende Größe $\vec{g} \cdot \vec{b} = 2$ für die Ringabbildung. Im Beispiel der Abbildung 27 handelt es sich um einen prismatischen Versetzungsring ($\vec{b}$ parallel $\vec{n}$) mit den Daten $\vec{b} = \frac{1}{3}[\bar{1}\bar{1}1]$, $\vec{n} = [\bar{1}\bar{1}1]$, $\vec{e} = [110]$, $t_o = 0{,}06\ \xi_g$, $t = 2\ \xi_g$ und $d = 0{,}26\ \xi_g$. Angeregt wurde exakt der (002) Reflex, so daß $\vec{g} \cdot \vec{b} = 2/3$ für den Kontrastparameter der Partialversetzungen entsteht.

Zur Vereinfachung der Diskussion des Bildkontrastes in Abhängigkeit vom Ringdurchmesser wurde in Abbildung 26 die Extinktionslänge ξ_g variiert. Von der linken zur rechten Bildspalte nimmt ξ_g ab (ξ_g = 46 nm, 23 nm und 11 nm), wodurch der effektive Ringdurchmesser von links nach rechts d = 12 nm, 6 nm bzw. 3 nm beträgt. Entsprechend variiert natürlich auch die bei der Rechnung vorausgesetzte Foliendicke von links nach rechts. Die ideale Abbildung ($c_s = 0$, $\Delta = 0$) wird mit Abbildungen bei einer sphärischen Aberration c_s = 5,1 nm verglichen. Dabei werden zwei verschiedene Defokussierungen vorausgesetzt, $\Delta = 0$ in der oberen und Δ = 150 nm in der unteren Bildreihe. Es ist in diesem Zusammenhang wichtig, daß für $\Delta = 0$ und $c_s = 0$ eine Variation von ξ_g den Bildkontrast stets unverändert läßt, d. h. die ideale Abbildung im Zweistrahlfall wird durch die Extinktionslänge nicht beeinflußt.

Vergleicht man die ideale Abbildung mit allen anderen dargestellten Fällen, so folgt: Für große Ringdurchmesser (d $\geqslant$ 10 nm) kann der reale Abbildungsprozeß durch den idealen ausreichend beschrieben werden. Die Defokussierung der Abbildung erzeugt nur schwache, an Kontraständern auftretende FRESNEL-Säume. Mit Verkleinerung des Ringdurchmessers treten jedoch FRESNEL-Streifen auf und zusätzliche Kontrastfeinheiten entstehen. Durch Defokussieren können diese Kontrastfeinheiten stark modifiziert werden.

Um die Abhängigkeit der FRESNEL-Säume und der Kontrastfeinheiten von den Abbildungsbedingungen genauer zu studieren, wurde der kleine prismatische Versetzungsring bei einer Extinktionslänge 12 nm, d. h. mit effektivem Ringdurchmesser von d $\approx$ 3 nm, für neun systematisch ausgewählte Kombinationen der Abbildungsparameter untersucht. In Abbildung 27 beträgt die angenommene Defokussierung für die Bildzeilen von oben nach unten Δ = 0 nm, 50 nm bzw. 100 nm und für die Spalten von links nach rechts wurde die sphärische Aberration zu c_s = 0, 1,4 mm bzw. 5,1 mm angenommen. Das bedeutet die Annahme einer ideal abbildenden Linse in der linken Spalte, gute Hochauflösungsbedingungen in der Mitte und Bedingungen eines konventionellen Durchstrahlungsmikroskops in der rechten Bildspalte. Darüber hinaus sind die Defokussierungen gerade so gewählt, daß die Teilbilder in der Diagonale der Abbildung 27 optimale Abbildungsbedingungen aufweisen. Darunter soll eine Kontrastübertragung mit geringster Phasenbeeinflussung verstanden werden. Dies bedeutet, daß die CTF über eine Variation der Defokussierung so eingestellt wird, daß der erste Nulldurchgang von Re(χ) möglichst erst bei hohen Raumfrequenzen, d. h. bei hoher Auflösung, erfolgt. Die Optimierung wird nach ähnlichen Kriterien wie im Falle des SCHERZER-Fokus für Phasenobjekte durchgeführt. Es ist zu erkennen, daß unter den Bedingungen der optimalen Abbildung das „Objekt" am besten wiedergegeben wird, d. h. bis auf FRESNEL-Säume nur sehr wenige zusätzliche Kontrasteinzelheiten entstehen. Dabei muß man als „Objekte" die ideale Abbildung mit Δ = 0 und c_s = 0 ansehen. Jede Abweichung von den optimalen Abbildungsbedingungen ergibt Änderungen in den Kontrastfeinheiten. Diese Änderungen sind bei großer sphärischer Aberration, d. h. für weniger ideale Linsen, am stärksten ausgeprägt und können zu erheblichen Veränderungen des Bildkontrastes führen.

In den beiden die Versetzungsringe betreffenden Abbildungen wurde mit konstanter Objektivaperturblende α = 0,017 rad gearbeitet. Daß eine Änderung dieses weiteren abbildungsbestimmenden Parameters einen Einfluß auf den Bildkontrast hat, soll anhand des in Abbildung 28 (s. Tafelteil) simulierten Hellfeldkontrastes einer Korngrenze gezeigt werden. Die Korngrenze wird modelliert durch eine Reihe von senkrecht zur Folienoberfläche stehenden Stufenversetzungen, wobei der Kontrast infolge der Oberflächenrelaxation in der Nähe der Foliengrenzflächen entsteht. Im vorliegenden Fall wird ausschließlich der Anteil der Gitterdrehung im Verschiebungsfeld der Versetzungen zur Kontrastberechnung verwendet. Die Korngrenze liegt entlang einer $[\bar{1}30]$-Richtung und entspricht einer 20°-Kipp-Korngrenze in Gold. Sie kann somit durch Versetzungen entlang der Einstrahlrichtung (Foliennormale) $\vec{e}$ = [001] beschrieben werden, wobei sich im Abstand von 1,85 nm Versetzungen mit $\vec{b}$ = [100] bzw. $\vec{b}$ = 1/2 [1$\bar{1}$0] abwechseln.

Der abbildende Reflex $\vec{g}$ = (020) wurde exakt angeregt. Im linken oberen Teilbild ist die ungestörte Hellfeldabbildung (Δ = 0, c_s = 0) wiedergegeben, die Fourieranalyse ergibt das darunter befindliche Beugungsbild, d. h. nur der durchgehende ungebeugte Strahl der Hellfeldabbildung ist vorhanden. Eingezeichnet sind die beiden Aperturblenden α_1 = 0,01 rad und α_2 = 0,02 rad, welche als Parameter für die Fouriersynthese der vier Teilbilder im rechten Teil der Abbildung 28 benutzt wurden. Die oberen beiden Teilbilder wurden mit α_1 = 0,01 rad, die unteren mit α_2 = 0,02 rad berechnet, wobei die Defokussierung Δ = 50 nm links und Δ = 90 nm rechts beträgt. Die Vergrößerung der Aperturblende führt zur Erhöhung der Zahl der FRESNEL-Streifen bzw. zu einer Verringerung des Streifenabstandes, beeinflußt aber nur wenig die Kontrastfeinheiten. Demgegenüber werden durch Defokussierung wiederum die Kontrastfeinheiten beeinflußt. Darüber hinaus zeigt der Vergleich von Δ = 50 nm (optimale Abbildung) und Δ = 90 nm (SCHERZER-Fokus), daß Defokussierung die FRESNEL-Streifen vermindern kann, wodurch man eine in den Kontrasteinzelheiten vom idealen Bild abweichende aber „scharfe" Abbildung erhält. Die hier angenommenen Objektaperturblenden sind für Beugungskontrastbedingungen sehr groß gewählt, um den Einfluß des Abbildungsprozesses gut anschaulich zu machen. Die gute Sichtbarkeit der FRESNEL-Streifen im Experiment setzt darüber hinaus eine ausreichende Kohärenz, d. h. geringe Fokustiefen ($\delta f \approx 5$ nm), voraus.

In den beiden folgenden Abbildungen 29 und 30 (s. Tafelteil) wird die Problematik der Zweistrahl-Netzebenenabbildung im Falle kleiner Defekte dargestellt [109]. Zur Berechnung der Beispiele wurde die im Abschnitt 3.2.1.1. angegebene Methode der Simulation des Beugungskontrastes, Überlagerung der Hell- und Dunkelfeldamplituden und Synthese der Bildkontraste mit Fourier-Transformationen verwendet.

In beiden Abbildungen stellt die jeweils obere Bildreihe (29 a, b, c und 30 a, b, c) den bereits in Abbildung 27 verwendeten kleinen prismatischen Versetzungsring dar. Die Teilbilder der jeweils unteren Reihe (29 d, e, f und 30 d, e, f) zeigen den Fall einer zur Folienoberfläche geneigten Schraubenversetzung in einer Germaniumfolie mit dem BURGERS-Vektor $\vec{b}$ = 1/2 [011] (d. h. auch Versetzungsrichtung $\vec{l}$ = [011]). Die Beugungsbedingungen sind $\vec{e}$ = [$\bar{1}$10], t = $\frac{1}{4}\,\xi_g \approx$ 10,8 nm bei exakter Anregung von $\vec{g}$ = (111). Die Abbildung 29 zeigt in a) bzw. d) die Hellfeldabbildung des Versetzungsringes bzw. der Schraubenversetzungen und in b) bzw. e) die Dunkelfeldabbildungen. Die Amplituden aus den jeweils markierten Bereichen des Hell- bzw. Dunkelfeldbildes wurden phasenrichtig (Phasenfaktor exp $(2\pi i\,\vec{g}\,\vec{r})$) überlagert und die

Fourieranalyse erzeugt davon das in Abbildung 29 c) bzw. f) in der Bildeinlage wiedergegebene Beugungsdiagramm der beiden verwendeten Reflexe. (Es ist aber ebenso möglich, die Superposition von Hell- und Dunkelfeldamplituden über deren Fourier-Transformierte, d. h. im Beugungsraum, vorzunehmen.)

Wird von dem auf diese Weise berechneten Beugungsbild eine Fouriersynthese durchgeführt, so erhält man die ideale Netzebenenabbildung im Zweistrahlfall für die gestörten Bereiche. Die in Abbildung 29 c) und f) gezeigten Netzebenenabbildungen weisen den zu erwartenden Netzebenenabstand senkrecht zur Richtung $\vec{g}$ auf. Darüber hinaus erkennt man Reste des Ringkontrastes in Teilbild c) und den dunkleren Zentralbereich des Versetzungskontrastes im Teilbild f). Ein Blick entlang der Netzebenenstreifen zeigt im Falle des Ringes nur leichte Streifenverbiegungen, während in Teilbild f) deutlich ein Interferenzstreifen frei endet. Letzteres bestätigt das Kriterium, das die Zahl frei endender Streifen proportional zu $\vec{g} \cdot \vec{b}$ voraussagt. In Abbildung 30 sind die Teilbilder 29 c) und 29 f) wiederholt und um 90° gedreht in Abbildung 30 a) und d) dargestellt. Um einen Vergleich dieser idealisierten Netzebenenabbildung mit realen Abbildungen zu erhalten wurden sowohl für den Ringkontrast als auch die Versetzungsabbildung die Bedingungen $c_s = 1{,}4$ und $\alpha = 0{,}02$ rad eines Hochauflösungsmikroskops angenommen; die Defokussierungswerte sind in den Bildern angegeben. Es ist zu erkennen, daß der Kontrast des Versetzungsringes in b) und c) nur geringfügig verschoben wird und ebenso die Streifenverbiegung nur geringfügig den Ort wechselt. Im Fall der Versetzung, in Teilbild e) bzw. f), erkennt man eine Verschmierung des Kontrastes im Bereich der frei endenden Interferenzlinie – es kann nicht mehr eindeutig die frei endende Linie gekennzeichnet werden. In Abhängigkeit von der Defokussierung entstehen am betrachteten Ort Bereiche verminderter Streifensichtbarkeit, und eine Abzählung der Streifen beiderseits dieser Bereiche bis hin zu eindeutigem Streifenverlauf wird unterschiedliche Werte ergeben. Weiterführende Untersuchungen zeigten, daß diese Differenz der Streifenzahlen wieder durch das $\vec{g} \cdot \vec{b}$ Kriterium bestimmt werden kann.

Für die Modellierung des Bildkontrastes atomarer Defekte unter Vielstrahl- und Hochauflösungsbedingungen ist das in Kapitel 3 behandelte „multi-slice" Verfahren geeigneter. Dies gilt vor allem dann, wenn die Säulenapproximation keine ausreichende Näherung mehr darstellt. Dabei benötigt die „multi-slice" Methode ein atomistisches Defektmodell, weil das in den eben behandelten Beispielen verwendete elastische Verschiebungsfeld keine geeignete Beschreibung liefert. Es muß eine Pseudoelementarzelle („super cell") konstruiert werden, die genau einen Defekt [126] enthält, und für alle Atome der Einheitszelle einschließlich des Defektes sind die Atomkoordinaten anzugeben. Diese Pseudoelementarzelle (in kristallographischem Sinne keine Einheitszelle) dient als Grundlage zur Berechnung der Strukturamplituden. Dabei ist zu beachten, daß die atomaren Streufaktoren am Ort des Defekts (z. B. ein Zwischengitteratom) durch Ionisation und andere Effekte von den Streufaktoren neutraler Atome abweichen können. Da der „multi-slice" Algorithmus mit diskreten Fourier-Transformationen arbeitet, wohnt der Bildsimulation von vornherein die Eigenschaft des „periodic continuation" inne. Das bedeutet, daß die Pseudoelementarzelle so groß sein muß, daß an ihren Begrenzungen die Wirkung des Defekts abgeklungen ist, um ein Überschwingen zu vermeiden. Für kleine Kristallstörungen (Zwischengitteratome, Leerstellen) ist es im allgemeinen ausreichend, eine Superzelle mit der Größe von 2X2 oder 3X3 perfekten Elementarzellen aufzustellen (siehe Abbildungen). Damit wird klar, daß sich die Zahl der Fourierkoeffizienten zur Darstellung des projizierten Kristallpotentials stark vergrößert, wenn die Auflösung ($\approx$ 0,1 nm) erhalten bleiben soll. Der nichtperiodische Kristalldefekt hat für das Beugungsbild, d. h. für die Strukturamplituden, zur Folge, daß neben den Matrixreflexen ein Streuhintergrund auftritt. Soll z. B. das projizierte Potential einer Defektzelle von 1 nm X 1 nm vollständig mit einer Auflösung von 0,1 nm beschrieben werden, sind dazu mindestens 300 Fourierkoeffizienten (Strahlen) erforderlich. Für die Simulation des Bildkontrastes von kleinen Defekten wird dann die Probe aus perfekten Schichten und Schichten, die eine nach der eben beschriebenen Weise konstruierte Defektzelle haben, zusammengesetzt.

Die folgenden Beispiele (Abbildungen 31 bis 33 – s. Tafelteil) zur Kontrastsimulation behandeln die Abbildbarkeit von Punktdefekten bzw. Punktdefekt-Clustern in Silicium [127]. In Abbildung 31 sind experimentelle Aufnahmen zusammengestellt, und es werden die elektronenmikroskopischen Abbildungsbedingungen charakterisiert. Die Probenorientierung des Siliciums ist (110), wobei die Strahl/Proben-Verkippung so gewählt wird, daß der durch das Beugungsbild beschriebene Dreistrahlfall (optische Achse symmetrisch zu den 3 Reflexen) gegeben ist. Die Anforderungen an die Auflösung sind für diese Dunkelfeldabbildung gering, so daß keine eigentliche Strukturabbildung zustande kommt. Die hellen Bildpunkte in der HREM-Abbildung 31a korrespondieren mit den im Teilbild b) angegebenen Gruppen von Siliciumatomen. Wie Abbildung 31c zeigt, ist diese Abbildungstechnik geeignet, Kontrastunterschiede, die von kleinen Defekten herrühren, sichtbar zu machen. Nach der Präparation der Proben (Erzeugung von Punktdefekten durch Bestrahlung der Si-Kristalle mit 1 MeV Elektronen im HEM) wurden neben der elektronenmikroskopischen Untersuchung auch Probenanalysen mit DLTS (Kapazitätsspektroskopie tiefer Störstellen) durchgeführt. Mit diesem Verfahren konnte eine hohe Dichte von Punktdefekten nachgewiesen werden (Auftreten von zwei starken Peaks im DLTS-Spektrum), die auf Grund der Probenbehandlung Leerstellen und Zwischengitteratomen zugeordnet werden können.

In den folgenden Abbildung werden simulierte Bilder gezeigt, die systematisch untersuchen, unter welchen Bedingungen abnorm helle und abnorm dunkle Kontraste (siehe z. B. Pfeil in Abbildung 31c) mit Punktdefekten korrelieren. Dazu sind in Abbildung 32 Modellrechnungen zu Leerstellen und in Abbildung 33 zu Zwischengitteratomen durchgeführt worden, die u. a. erlauben, die dunklen Kontrastpunkte der Abbildung 31c als Leerstellen zu interpretieren.

Die energetisch günstigste Leerstellenkonfiguration für das Diamantgitter ist die Doppelleerstelle [128]. Abbildung 32 stellt Kontrastsimulationen zur Abbildung von Doppelleerstellen dar. Für die erläuterten elektronenoptischen Abbildungsbedingungen und eine vom Experiment vorgegebene Probendicke von etwa 4 nm wird bei der „multi-slice" Berechnung die Anzahl der gestörten Schichten variiert. Bei einer Vergrößerung des Leerstellen-Clusters in Strahlrichtung ($n_2 V_2$) erhöht sich der Kontrastunterschied zu den ungestörten Atomreihen. Die Kennzeichnung der Leerstellen („di-vacancy" V_2) bzw. der Zwischengitteratome („di-interstitial" I_2) innerhalb der Schichtfolge erfolgt dabei stets in der Form $n_1 \cdot n_2 V_2 \cdot n_3$ bzw. $n_1 \cdot n_2 I_2 \cdot n_3$, wobei die Zahlen n_1 und n_3 die perfekten Probenschichten und n_2 die durch Punktdefekte gestörten Schichten angeben. Doppelleerstellen erzeugen in der Abbildung eine eindeutige Kontrastmodifizierung. Eine Defokussierungsänderung hat auf Grund der speziellen Abbildungsbedingungen (geeigneter Defokussierungsbereich 40 nm $\leqslant \Delta \leqslant$ 100 nm) dieses gekippten Dreistrahlfalls kaum Einfluß auf die Abbildung.

Abbildung 33 zeigt Untersuchungen zum Kontrastverhalten von Zwischengitteratomen. Als Modell wurde vom „[100] split di-interstitial" [129] ausgegangen. Das projizierte Kristallpotential zeigt die Atomkonfiguration in [110] Richtung für eine gestörte Kristallschicht der Siliciumprobe.

Für zwei verschiedene Probendicken (2 nm, 4 nm) wird die Zahl der gestörten Schichten variiert. Die Orte der „interstitials" heben sich vom Umgebungskontrast ab. Bei einer Probendicke von 4 nm (N = 10) werden die Kontrastunterschiede für zwei und mehr gestörte Schichten deutlich.

Die Simulationsrechnungen der Abbildungen 32 und 33 erlauben somit die Aussage, daß die hellen und dunklen Kontrastmodifikationen von Punktdefekten herrühren können; z. B. kann Abbildung 31c als Kontrast eines Leerstellenagglomerates interpretiert werden. Zur Erhöhung der Sicherheit dieser Interpretation sollten aber stets noch weitere Methoden herangezogen werden, wie insbesondere die Abhängigkeit des Bildkontrastes von der Größe der Punktdefekt-Cluster erkennen läßt.

5. Bildverarbeitung von HREM-Aufnahmen

Für die Interpretation elektronenmikroskopischer Aufnahmen ist die Kenntnis der einzelnen Stufen der Bildentstehung vom Wechselwirkungsprozeß des Elektronenstrahls mit der Probe bis zur Aufzeichnung des Bildes notwendig. Darüber hinaus werden in zunehmendem Maße Verfahren der Bildverarbeitung („image processing") in der Elektronenmikroskopie angewandt, um – ausgehend von einer experimentellen Abbildung – weiterführende Aussagen über das zu untersuchende Objekt zu gewinnen. Dabei soll unter Bildverarbeitung ganz allgemein ein Prozeß von Operationen am vorliegenden elektronenmikroskopischen Bildmaterial verstanden werden, der die Aussagemöglichkeiten zu einem speziellen, interessierenden Sachverhalt erweitert und verbessert. Das können einerseits Manipulationen am Bild selbst sein (z. B. Kontrastverstärkung, Unterdrückung störender Informationen, Entfaltung von Abbildungsfehlern). Zum anderen kann die Bildverarbeitung auch durch Beugung (Fourieranalyse) oder eine statistisch-morphometrische Auswertung, die den interessierenden Bildinhalt auf wenige Zahlenangaben reduziert, erfolgen. Ein weiteres Aufgabengebiet der Bildverarbeitung ist die Rekonstruktion der räumlichen Strukturparameter des Objekts (Stereometrie, 3-dimensionale Bildrekonstruktion). Ein schematischer Überblick der wesentlichen Bildverarbeitungsverfahren in der Elektronenmikroskopie ist in Abbildung 34 dargestellt. Dabei sind die einzelnen Verfahren den grundlegenden Prozessen bei der Bildentstehung und der nachfolgenden Bildauswertung zugeordnet. Die dargestellten Bildverarbeitungsoperationen in der Elektronenmikroskopie lassen sich folgendermaßen klassifizieren:

- Bildwiederherstellung („image restoration")
- Bildverbesserung („image enhancement")
- Bildanalyse („image analysis")
- Bildrekonstruktion („structure reconstruction")
- Computersimulation („computer simulation") des Abbildungsprozesses und des Wechselwirkungsprozesses Elektronenstrahl–Objekt.

Die Verfahren der Computersimulation (Kap. 3. und Kap. 4.) können im weiteren Sinne als Bildmodellierungsverfahren betrachtet werden und lassen sich somit durchaus den Verfahren der Bildverarbeitung zuordnen. Die Methoden der dreidimensionalen Bildrekonstruktion gestatten mit Hilfe mathematischer und optischer Verfahren die Berechnung der dreidimensionalen Dichteverteilung des Objektes durch Auswertung des Informationsgehalts der zweidimensionalen Aufnahmen. Diese Verfahren in der Elektronenmikroskopie wurden im wesentlichen als alternative Verfahren zur Röntgenkristallstrukturanalyse für die Strukturaufklärung biologischer Objekte entwickelt (s. z. B. [130,

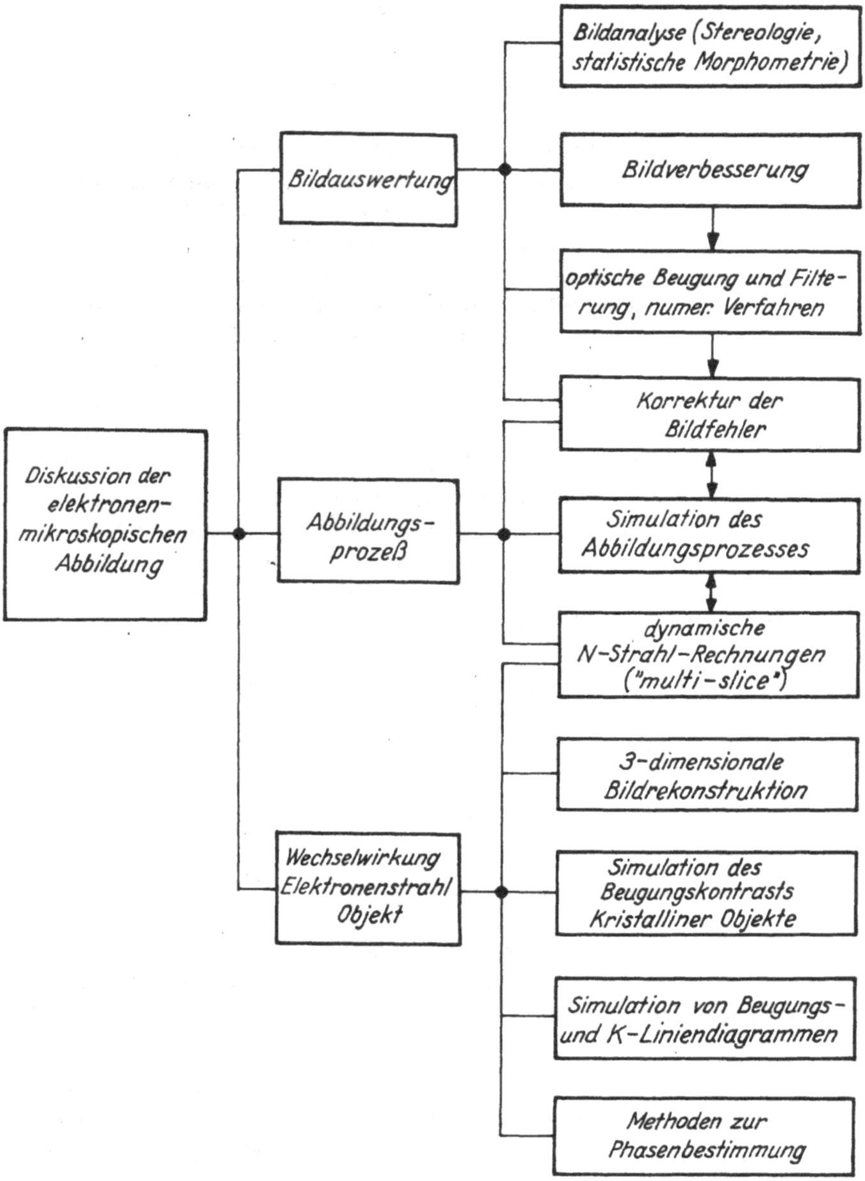
Bildanalyse (Stereologie, statistische Morphometrie)
Bildauswertung
Bildverbesserung
optische Beugung und Filterung, numer. Verfahren
Korrektur der Bildfehler
Diskussion der elektronenmikroskopischen Abbildung
Abbildungsprozeß
Simulation des Abbildungsprozesses
dynamische N-Strahl-Rechnungen ("multi-slice")
3-dimensionale Bildrekonstruktion
Wechselwirkung Elektronenstrahl Objekt
Simulation des Beugungskontrasts Kristalliner Objekte
Simulation von Beugungs- und K-Liniendiagrammen
Methoden zur Phasenbestimmung

131]). Eine ausführliche Behandlung der zahlreichen Rekonstruktionstechniken, die bisher in den unterschiedlichsten Gebieten, wie der Radioastronomie, Radiologie und Elektronenmikroskopie, angewandt wurden, ist beispielsweise in den Übersichten von GORDON und HERMAN [132, 133] gegeben.

Für die Interpretation von HREM-Aufnahmen sind die Methoden der Bildrestaurierung, der Bildverbesserung und der Bildanalyse von Bedeutung. Die Bildwiederherstellung einer elektronenmikroskopischen Aufnahme bedeutet eine Korrektur der Bildfehler, die vom elektronenoptischen Abbildungs- und Aufzeichnungssystem herrühren. Dies verlangt in der Hochauflösungs-Elektronenmikroskopie eine Korrektur der Kontrastübertragungsfunktion. Die phasenrichtige Rekonstruktion der Abbildung setzt einen hohen gerätetechnischen Aufwand (Präzisionsdensitometer mit guter Reproduzierbarkeit) und langwierige, numerisch aufwendige Auswertungen ganzer Aufnahmeserien voraus [45]; eine kohärent-optische Ausführung des Verfahrens erfordert holographische, phasendrehende Filter. Die Bildverbesserung umfaßt Verfahren, die durch eine Verbesserung des Signal/Rauschverhältnisses die Detailerkennbarkeit des Bildes erhöhen. Die Bildverbesserungsverfahren reichen von einfachen Kontrastmanipulationen, Filterverfahren im reziproken Raum, Bildakkumulation bis hin zu Punktabbildungsoperationen. Die Mehrzahl der Verfahren der Bildverarbeitung elektronenmikroskopischer Aufnahmen kann dieser Kategorie zugeordnet werden, wobei eine scharfe Trennung zur Bildanalyse nicht immer möglich ist. In den Begriff der Bildanalyse ordnen sich neben statistisch-morphometrischen Methoden und der Stereometrie auch die Verfahren der Bilderkennung („pattern recognition“) ein. Eine weitere Aufgabe der Bildanalyse besteht in der Separierung überlagerter Kontraste und in der Bestimmung von Symmetrien und Winkelrelationen in der elektronenmikroskopischen Abbildung. Dafür finden sowohl optische als auch numerische Verfahren der Beugung und Filterung Anwendung, die im Falle der Hochauflösung kristalliner Objekte zusätzlich Aussagen zur Auflösung liefern.

Die Bildverarbeitung elektronenmikroskopischer Aufnahmen läßt sich sowohl mit numerischen als auch mit optischen Verfahren durchführen. Da nur ein Teil dieser Operationen mit Hilfe einfacher optischer Aufbauten durchgeführt werden kann, finden überwiegend digitale Methoden Anwendung.

Die Entwicklung und Anwendung von allgemeinen Bildverarbeitungsverfahren sind eng mit der Einführung der Übertragungstheorie in die Optik verbunden. In vielen Fällen der elektronenmikroskopischen Praxis (Hellfeld-(Vielstrahl)-Abbildung schwach streuender Objekte (s. Kap. 2.)) sind beim Abbildungsprozeß im Mikroskop die Kriterien für eine lineare Übertragung erfüllt. Zahlreiche für die Bildverarbeitung elektronenmikroskopischer Aufnahmen entwickelte Verfahren basieren auf den Methoden der Übertragungstheorie. Zum anderen exi-

◀ **Abb. 34.** Schema zur Bildverarbeitung in der Elektronenmikroskopie stieren verschiedene elektronenmikroskopische Bildverarbeitungsmethoden, die Lösungsverfahren der Röntgenkristallstrukturanalyse tangieren. In diesem Kapitel werden einige ausgewählte Methoden der digitalen und optischen Bildverarbeitung zur Interpretation von HREM-Aufnahmen beschrieben.

5.1. Methoden der digitalen Bildverarbeitung

Die Zielstellung der digitalen Bildverarbeitung ist es, ausgehend von elektronenmikroskopischen Abbildungen, Aussagen zu charakteristischen und wesentlichen Eigenschaften der Probe zu erhalten. Diese Forderung, die über eine einfache Modifizierung des Bildes zur Verbesserung des visuellen Eindrucks hinausgeht, setzt zwischen Objekt und Abbildung eine rekonstruierbare Beziehung voraus. Wenn die Wechselwirkung Elektronenstrahl–Probe und der elektronenoptische Abbildungsprozeß die Anwendung der linearen Übertragungstheorie rechtfertigen, gelten die folgenden Grundlagen für die Bildverarbeitung [20]. Die dreidimensionalen Objekte lassen sich entsprechend dem Projektionstheorem in der Elektronenmikroskopie durch zweidimensionale Funktionen darstellen. Wird der Zusammenhang zwischen Objekt – $o(\vec{r})$ und Bildfunktion $i(\vec{r})$ durch einen linearen Operator beschrieben, so gilt folgende Grundgleichung (für eine ausführliche Beschreibung s. z. B. ANDREWS [134], FRANK [135])

$$i(\vec{r}) = H\{o(\vec{r})\} = H\{\int o(\vec{r}\,')\,\delta(\vec{r}-\vec{r}\,')\,d\vec{r}\,'\} = \int o(\vec{r}\,')\,H\{\delta(\vec{r}-\vec{r}\,')\}\,d\vec{r}\,', \tag{5.1}$$

wo $\vec{r} = [x, y]$ der Ortsvektor im Realraum ist. Die Funktion $k(\vec{r}, \vec{r}\,') = H\{\delta(\vec{r}-\vec{r}\,')\}$ ist die Verwaschungsfunktion (Punktbildfunktion, Punktbildverwaschungsfunktion) des Abbildungssystems. Ist das System „isoplanatisch", so gilt $k(\vec{r}, \vec{r}\,') = k(\vec{r}-\vec{r}\,')$ und Gleichung (5.1) läßt sich folgendermaßen umformen:

$$i(\vec{r}) = o(\vec{r}) * k(\vec{r}) = \int o(\vec{r}\,')\,k(\vec{r}-\vec{r}\,')\,d\vec{r}\,'. \tag{5.2}$$

Bei Anwendung des Faltungstheorems ergibt sich ein äquivalenter Ausdruck im Fourierraum

$$I(\vec{g}) = O(\vec{g}) \cdot K(\vec{g}). \tag{5.3}$$

Hierbei ist $\vec{g} = (u, v)$ der Ortsvektor im Fourierraum und ferner gilt: $I(\vec{g}) = F[i(\vec{r})]$, $O(\vec{g}) = F[o(\vec{r})]$, $K(\vec{g}) = F[k(\vec{r})]$. Die Fourier-Transformierte $K(g)$ der Verwaschungsfunktion $k(\vec{r})$ ist – wie bereits bekannt – die *optische Übertragungsfunktion* des Systems. Für die Behandlung des realen elektronenoptischen Abbildungsprozesses müssen noch die Einflüsse des optischen Rauschens, d. h. die statistischen Schwankungen der Elektronenintensität und der Kornverteilung der Photoplatte berücksichtigt werden:

$$i(\vec{r}) = o(\vec{r}) * k(\vec{r}) + n(\vec{r}). \tag{5.4}$$

Die einfache additive Beziehung ist nur gültig, wenn die Bedingungen $\Delta I(\vec{r}) \ll I_0$ und $n(\vec{r}) \ll I_0$ erfüllt sind, wobei $\Delta I(\vec{r})$ die Intensitätsschwankung im Bild, I_0 – die Intensität des einfallenden Elektronenstrahles und $n(\vec{r})$ der Rauschterm sind [135].

Die Bildverarbeitungsoperationen, die für die interessierenden Bildbereiche eingesetzt werden, haben das Ziel, eine aussagefähige Objekt-Abbild-Beziehung herzustellen. Die Verfahren der Bildverbesserung dienen im wesentlichen der Unterdrückung des Rauschterms $n(\vec{r})$. Die Bildanalysemethoden untersuchen die Eigenschaften der Objektfunktion $o(\vec{r})$, die in der Abbildung $i(\vec{r})$ enthalten sind. Die Entfaltung der Objektfunktion $o(\vec{r})$ von der Punktbildverwaschungsfunktion $k(\vec{r})$ („image restoration") ist das aufwendigste Verfahren, das für Routinezwecke kaum in Frage kommt.

Ausführliche Abhandlungen über die in der Elektronenmikroskopie entwickelten und angewandten Bildrestaurationsverfahren sind in den Übersichtsdarstellungen von FRANK [135], SAXTON [46] und HAWKES [37] enthalten. Bei den in der Hochauflösungs-Elektronenmikroskopie angewandten Verfahren geht es einerseits darum, die Übertragungscharakteristik nachträglich zu verbessern (Anwendung von Filterfunktionen). Andererseits sind durch die Nullstellen der Übertragungsfunktion Informationslücken bei der Übertragung vorhanden. Die fehlende Information kann nach einem Vorschlag von HANSSEN durch Auswertung von Fokussierungsserien gewonnen werden. Verschiedene Verfahren der Bildrekonstruktion aus elektronenmikroskopischen Aufnahmen desselben Objektes bei verschiedenen Defokussierungswerten wurden z. B. von SCHISKE [136], ERICKSON und KLUG [137], WELTON [138], HOPPE et al. [139] und KIRKLAND et al. [45, 140] entwickelt.

Bei den Verfahren der Bildverbesserung wird das Signal/Rausch-Verhältnis durch Anwendung geeigneter Methoden verändert, so daß die Detailerkennbarkeit des Bildes erhöht wird (s. Kap. 5.1.2.). Dabei sei insbesondere auf die verschiedenen Bildakkumulationstechniken hingewiesen, um aus einer Anzahl verrauschter Bilder durch Superposition eine rauschfreie Abbildung der Struktur zu erzielen. Für die dazu notwendige exakte Orientierung der Aufnahmen untereinander wurden spezielle Techniken entwickelt (zur Rolle der Korrelationsfunktionen s. die Übersicht von FRANK [141]). Von der Bildanalyse sind für die Interpretation von HREM-Abbildungen sowohl die optischen als auch numerischen Verfahren der Beugung und Filterung ein unentbehrliches Hilfsmittel.

5.1.1. Digitalisierung von elektronenmikroskopischen Aufnahmen

Für die numerische Bildverarbeitung ist die Messung und digitale Aufzeichnung der Schwärzungsverteilung auf der elektronenmikroskopischen Photoplatte Voraussetzung. Bei der Digitalisierung der Bildinformation mit Hilfe eines Mikrodensitometers wird die vorgegebene Bildfläche abgerastert und dabei punktweise die optische Dichte gemessen. Dabei wird das Bild durch ein meist orthogonal gewähltes Raster in kleine Bildelemente (picture elements = pixels) zerlegt, wobei die optische Dichte über die Fläche eines Bildelements integral bestimmt wird. Zur Weiterverarbeitung liegt dann ein zweidimensionales Datenfeld von Grauwerten vor, das durch Zeilen- und Spaltennummer der jeweiligen „Pixels" den geometrischen Bezug zum Objekt herstellt. Wegen der begrenzten Speicherkapazität der Rechner und nicht zuletzt auch wegen des Rechenzeitaufwandes bei den nachfolgenden Operationen der digitalen Bildverarbeitung wird die Zahl der Bildpunkte auf Wertefelder der Größe 64 $\times$ 64 bis 1024 $\times$ 1024 beschränkt. Das bedeutet, daß im Gegensatz zu optischen Verfahren (z. B. Diffraktometrie), bei denen beliebig große Bildbereiche schnell und parallel transformiert werden, nur begrenzte Bildausschnitte bei voller Auflösung verarbeitet werden können. Mögliche Fehlerquellen bei der Messung der optischen Dichte sind durch das diskontinuierliche Abtasten, die Apertur des Abtastsystems und die Begrenzung des abzutastenden Bildes gegeben. Beim Meßvorgang muß das Abtastnetz so gewählt werden, daß das Sampling-Theorem (Abtast-Theorem) nicht verletzt wird. Die erforderliche Abtastgenauigkeit ergibt sich aus der Betrachtung der Fourier-Transformierten $D'(\vec{g})$ der gemessenen Schwärzungsverteilung. Es gilt:

$$D'(\vec{g}) = D(\vec{g}) * G(\vec{g}), \tag{5.5}$$

wobei $D'(g) = F[d'(\vec{r})]$, $D(\vec{g}) = F[d(\vec{r})]$, $G(\vec{g}) = F[g(\vec{r})]$ sind. Hierbei bedeuten $d(\vec{r})$ – die optische Dichteverteilung als Eingabefunktion, $g(\vec{r})$ – die Funktion des Abtastrasters und $d'(\vec{r})$ – die gemessenen diskreten Dichtewerte. Die Fourier-Transformierte der gemessenen optischen Dichteverteilung ist die Faltung der Fourier-Transformierten der kontinuierlichen Schwärzungsverteilung mit dem reziproken Gitter des vorgegebenen Abtastrasters. Das Abtastraster muß so gewählt werden, daß keine Überlappungen benachbarter Fourierbereiche möglich sind („periodic continuation" der diskreten Fourier-Transformation). In der elektronenmikroskopischen Praxis sind die Maximalforderungen bezüglich der interpretierbaren Auflösung durch die Auswertung von Hochauflösungsaufnahmen (maximale Auflösung 0,1 – 0,5 nm) gegeben. In Abbildung 35 (s. Tafelteil) sind eine (200)-Netzebenenabbildung von Kupfer und verschiedene Linienprofile (a – c) mit variablem Meßpunktabstand gegenübergestellt. Die Netzebenenabstände betragen 0,2 nm; die für Hochauflösungsabbildungen übliche Negativvergrößerung ist 500 000fach, d. h. ein Netzebenenabstand entspricht auf der Photoplatte 100 μm. Durch die hier gewählten Meßpunktabstände (a: 4 μm, b: 8 μm, c: 16 μm) kann der volle Informationsgehalt der experimentellen Aufnahme aufgezeichnet und verarbeitet werden. Im Falle dieser Netzebenenabbildung wird der Intensitätsverlauf zwischen den Extrema gut wiedergegeben. Die Forderungen des Abtasttheorems sind für alle 3 Abtastabstände erfüllt. Wenn man annimmt, daß der Netzebenenabstand (100 μm) die signifikante Information des Bildes ist (und Feinstrukturen nicht interessieren), so verlangt das Sampling-Theorem lediglich einen Meßpunktabstand MA $\leqslant$ 50 μm, um eine Überlagerung benachbarter Fourierbereiche bei der diskreten Fourier-Transformation zu verhindern. Bei der Abtastung elektronenmikroskopischer Aufnahmen ist es nicht sinnvoll, die Meßblende kleiner als den Meßpunktabstand zu wählen, da andernfalls die Körnigkeit des Photomaterials zu hohe Rauschanteile der Meßwerte bedingen würde. In analoger Weise wie das hier gezeigte Beispiel für die Abtastung einer elektronenmikroskopischen Abbildung entlang einer Meßlinie werden auch zweidimensionale Bildbereiche erfaßt. In Abhängigkeit von den geforderten Kenngrößen – Abtastgeschwindigkeit, Genauigkeit und Auflösung ebenso wie Art und Größe der Bildvorlage – wurden unterschiedliche Abtastsysteme entwickelt. Von den optisch-mechanischen Abtastsystemen zeichnen sich die „flying spot scanner" (abgelenkter Beleuchtungsstrahl einer Katodenstrahlröhre oder eines Laser-Drehspiegel-Systems rastert über eine feste Bildvorlage) durch hohe Abtastraten aus, während „flat-bed scanner" (Bildvorlage wird über ein festes Abtastsystem bewegt) über große Bildbereiche mit hoher geometrischer Genauigkeit arbeiten. Rotierende Trommel-Scanner vereinigen die Vorteile beider genannten Systeme, sind jedoch nur für flexible Bildvorlagen geeignet. Im Gegensatz zu den optisch-mechanischen Scannern erlauben Videokamera-Systeme (konventionelle oder mit CCD-Sensoren) eine um Größenordnungen schnellere Erfassung des gesamten Bildes und eignen sich deshalb zur direkten Kopplung an das Elektronenmikroskop (online Bildverarbeitung s. Kap. 5.1.3.).

5.1.2. Algorithmen zur Bildverbesserung und Bildanalyse

Elementare Bildverarbeitungsalgorithmen und deren Anwendung zur Interpretation von HREM-Aufnahmen sind Gegenstand dieses Abschnittes. Die Elementarschritte, welche letztendlich für die digitale Bildverarbeitung erforderlich sind, lassen sich nach ihrer numerischen Implementierung folgendermaßen klassifizieren:

- Punktoperationen
- algebraische Operationen
- geometrische Operationen
- lokale Matrixoperationen
- Integraltransformationen.

Bei Punktoperationen wird jeder Bildpunkt durch eine nur von seinem Grauwert abhängige Funktion modifiziert. Es gilt

$$O(x, y) = f[I(x, y)]. \tag{5.6}$$

Hierbei sind $I(x, y)$ und $O(x, y)$ jeweils das Eingabe- und Ausgabebild.

Punktoperationen schließen Verfahren wie die Grauskalenmanipulation und Kontrastnormierung ein.

Unter algebraischen Operationen versteht man in diesem Zusammenhang die punktweise Verknüpfung zweier Bilder. Dabei kann eines der beiden Bilder auch als analytische ortsabhängige Funktion gegeben sein (z. B. Raumfrequenzfilterung). Bei algebraischen Operationen gilt für das Ausgabebild:

$$O(x, y) = I_1(x, y) \circledast I_2(x, y), \qquad (5.7)$$

wobei das Zeichen $\circledast$ eine der Verknüpfungen +, −, · und / repräsentiert.

Diese Operationen werden zur Bildakkumulation, Untergrundsubtraktion und Raumfrequenzfilterung angewandt.

Geometrische Operationen sind Koordinatentransformationen. Da die Eingabebildfunktion $I(x, y)$ nur diskret gegeben ist, erfordert die Bestimmung der für die Transformation nötigen Zwischenpunkte ein geeignetes zweidimensionales Interpolationsverfahren. Allgemein gilt für diese Klasse von Operationen:

$$O(x, y) = I(x', y')^{*} = I[a(x, y), b(x, y)]. \qquad (5.8)$$

Hierbei sind $a(x, y)$ und $b(x, y)$ die Transformationsfunktionen.

Viel verwendete Operationen sind Rotation, Verschiebung und Änderung des Vergrößerungsmaßstabes des Bildes ebenso wie die Transformation von kartesischen in Polarkoordinaten. Von lokalen Operationen spricht man, wenn der Wert eines Bildpunktes des Ausgabebildes von den Werten der Bildpunkte einer vorgegebenen Umgebung des entsprechenden Punktes des Eingabebildes abhängt. Es gilt:

$$O(x, y) = \sum_{i,j=-N}^{N} I(x + i\Delta x, \ y + j\Delta y) \cdot W(i\Delta x, \ j\Delta y). \qquad (5.9)$$

Hierbei ist W die Wichtungsfunktion (Matrix), deren Ausdehnung durch N festgelegt wird. Mit Δx und Δy sind die Rasterabstände gegeben.

Diese Verfahren werden vor allem auf dem Gebiet der Mustererkennung (pattern recognition) aber auch für spezielle Raumfrequenzfilterungen angewandt.

Erstreckt man bei „lokalen" Operationen die „Umgebung" auf das gesamte Bild, so führt dies zu Integraltransformationen:

$$O(u, v) = \int_{-\infty}^{\infty} \int_{-\infty}^{\infty} K(x, y, u, v) \cdot I(x, y) \, dxdy. \qquad (5.10)$$

Je nach Gestalt des Kerns $K(x, y, u, v)$ erhält man beispielsweise die FOURIER-, LAPLACE- und WALSH-Transformation, die Autokorrelations- und Kreuzkorrelationsfunktion. Von diesen Integraltransformationen ist die Fourier-Transformation die am häufigsten bei der Bildverarbeitung angewandte; für ihre Berechnung existieren schnelle Algorithmen (z. B. COOLEY–TUKEY Fast Fourier-Transform).

Die nachfolgenden Beispiele veranschaulichen die Anwendung der aufgeführten Elementaroperationen, um einerseits die Erkennbarkeit der Bilddetails einer elektronenmikroskopischen Aufnahme zu verbessern und andererseits interessierende Objekteigenschaften automatisch zu analysieren.

Liegen von einem Objekt mehrere Aufnahmen oder innerhalb einer Aufnahme mehrere identische Objekte vor, so lassen sich deren Bilder überlagern. Da das statistische Rauschen in verschiedenen Bildbereichen unterschiedlich ist, wächst dessen Intensität langsamer als die der überlagerten Muster (das Signal/Rauschverhältnis steigt um $\sqrt{n}$ bei n Superpositionen). In Abbildung 36 (s. Tafelteil) ist dem digitalisierten Bild eines biologischen Makromoleküls eine durch Vierfachakkumulation verbesserte Abbildung gegenübergestellt.

Der Erfolg solcher Akkumulationsverfahren hängt wesentlich von der exakten Positionierung der zu überlagernden Bilder bzw. Bildbereiche ab. Die zweidimensionale Kreuzkorrelationsfunktion zweier Bilder eines Objektes hat ihr Maximum für den Argumentvektor, welcher der gegenseitigen Verschiebung des Objektes entspricht. Maxima der Autokorrelationsfunktion zeigen die gegenseitige Lage ähnlicher Partikel innerhalb eines Bildes an (s. z. B. [141]).

Neben halbautomatischen Positionierungsverfahren und solchen, die nur in speziellen Fällen anwendbar sind, beschreibt SAXTON [46] folgende allgemein anwendbare Prozedur: Zunächst werden die Autokorrelationsfunktionen beider Bilder berechnet, welche invariant gegenüber Linearverschiebung sind, aber Größen- und Winkelverhältnisse vollständig enthalten. Diese beiden Autokorrelationsfunktionen werden von kartesischen in Polarkoordinaten transformiert, so daß die Winkel äquidistant bleiben, die Radiusskale (Vergrößerungsmaßstab) nach außen hin in konstantem Verhältnis wächst (s. hierzu Abbildung 37).

Die so transformierten Autokorrelationen werden miteinander kreuzkorreliert. Diese Kreuzkorrelationsfunktion wird im allgemeinen ein Maximum aufweisen, dessen Winkelkoordinate der Verdrehung der Ausgangsbilder entspricht. Die radiale Position des Maximums gibt den Vergrößerungsfaktor an. Ein Beispiel zur digitalen Filterung einer Hochauflösungsabbildung von (200)-Netzebenen in Gold ist in Abbildung 38 (s. Tafelteil) gegeben. Die experimentelle Aufnahme (Teilbild a) zeigt eine eingeschobene Netzebene einer Versetzung. Um den Verlauf der Netzebenen sichtbar hervorzuheben, sind die durch eine Überlagerung von Dicken- und Beugungskontrasterscheinungen bedingten Untergrundschwankungen zu eliminieren. Im Beugungsbild (Teilbild b) erkennt man zwei Beugungsreflexe, welche die Grundperiodizität des ungestörten Kristallgitters repräsentieren. Dies wird durch Raumfrequenzfilterung (s. eingezeichnete Filtermaske) richtig reproduziert (Teilbild d). Die binäre Filtermaske läßt nur die im Beugungsbild gekennzeichneten Reflexe (Raumfrequenzen) zur Bildrekonstruktion zu. Die Information über die Gitterstörung im Bereich der eingeschobenen Netzebene ist aber über einen größeren Teil des Beugungsbildes

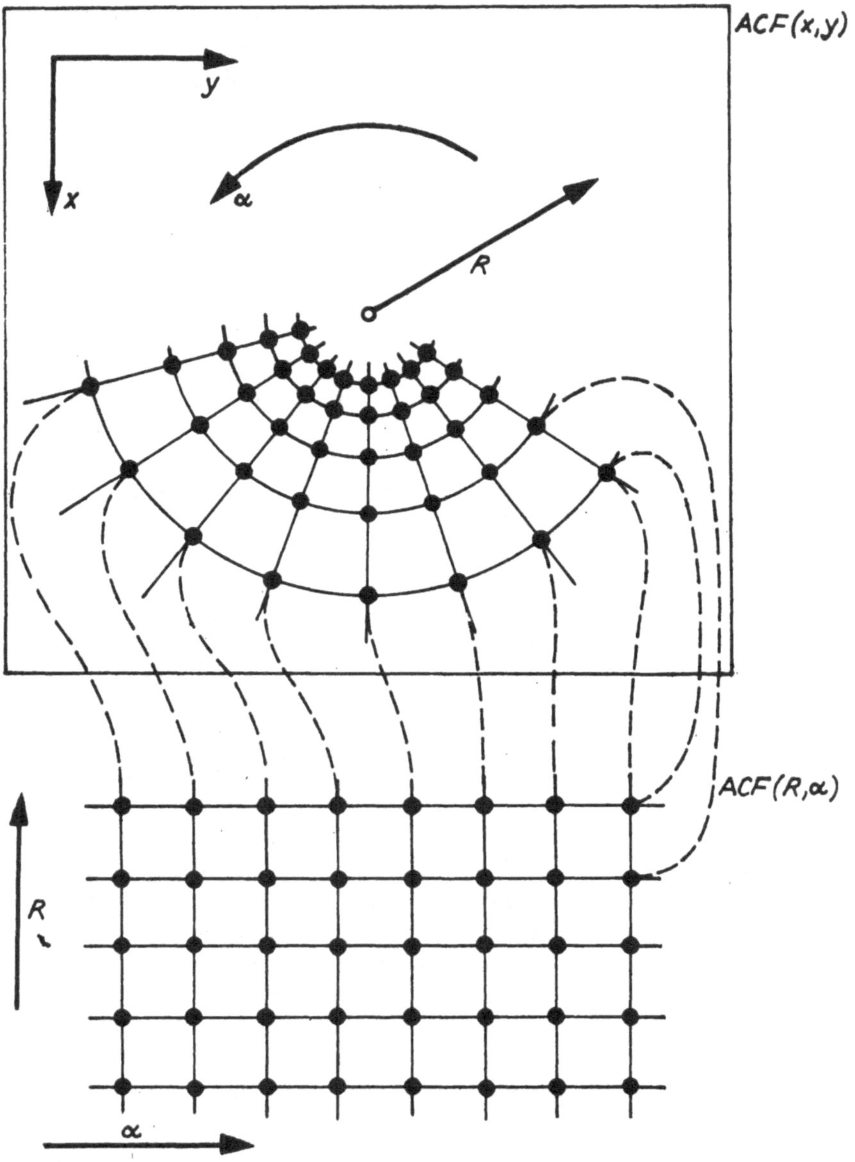

Abb. 37. Gitter zur Koordinatentransformation der Autokorrelationsfunktion (ACF) in eine Funktion von Vergrößerung R und Drehwinkel α

verschmiert und kaum von den Frequenzanteilen des Untergrundes zu trennen. Mit Hilfe eines Realraum-Hochpaßfilters (lokale Matrixoperation), das den Mittelwert einer Umgebung vom aktuellen Punkt subtrahiert, kann der Netzebenenverlauf vom Untergrund getrennt werden (Teilbild c).

Die folgenden Abbildungen behandeln die Bildanalyse elektronenmikroskopischer HREM-Aufnahmen gehärteter Kupferlegierungen. Die Netzebenenabbildung einer teilkohärenten Ausscheidung in der Kupferlegierung zeigt Abbildung 39 (s. Tafelteil) [142]. Die Netzebenenabstandsschwankungen, die zur Strukturaufklärung zu bestimmen sind, wären mit Hilfe der optischen Beugung (oberes Teilbild) nur sehr schwer zu analysieren. Das untere Teilbild zeigt eine, entlang der eingezeichneten Linie aufgenommene, Photometerkurve.

Das Prinzip zur Lokalisierung von Objektbereichen mit unterschiedlichen Netzebenenabständen wird am folgenden Modellobjekt verdeutlicht (Abbildung 40). Die in der oberen Kurve angenommenen unterschiedlichen Schwingungsperioden führen im dazugehörigen Fourierspektrum zu zwei Peaks. Nach der geeigneten Unterdrückung einer dieser Raumfrequenzen erscheint in der rekonstruierten Abbildung (Fouriersynthese) nur dort Kontrast, wo die Objektstrukturen des durchgelassenen Frequenzbereichs auftreten. Diese Bandpaßfilterung wird an den unteren Kurven deutlich, wobei an den Enden der gefilterten Kurven ein Überschwingen („periodic continuation"!) auftritt.

Im nächsten experimentellen Beispiel der Abbildung 41 werden neben der Bandpaßfilterung zusätzlich noch andere Bildverbesserungsverfahren eingesetzt. Bei der Digitalisierung der (220)-Netzebenenabbildung einer Kupferlegierung wurde mehrfach senkrecht zu den Netzebenen abgerastert. Durch eine Akkumulation konnte das Signal/Rausch-Verhältnis wesentlich verbessert werden. In der oberen Zeile der Abbildung sind das akkumulierte Netzebenenprofil und das dazugehörige Fourierspektrum abgebildet. Mit Hilfe einer Hochpaßfilterung, die den Untergrundkontrast dämpft, ist eine Egalisierung des Netzebenenprofils möglich (2. Kurve). Die Bandpaßfilterung gestaltet sich in diesem realen Fall schwieriger als bei der Modellrechnung, da die relativen Abstandsschwankungen gering sind. Nach einer geeigneten numerischen Trennung beider Peaks führt die Methode der Bandpaßfilterung zu den unteren beiden Kurven. Für dieses praktische Beispiel wurden nacheinander mehrere Verfahren der Bildverarbeitung (Akkumulation, Fourieranalyse, Hochpaßfilterung, Bandpaßfilterung) angewandt; eine Entscheidung, ob das Ergebnis der Bildanalyse (Nachweis verschiedener Netzebenenabstände) oder der Bildverbesserung (Kontrastanhebung ausgewählter Strukturen) zuzuordnen ist, ist kaum möglich und sinnvoll.

Einige Möglichkeiten und Varianten zur technischen Realisierung von Bildverarbeitungsoperationen und -methoden in der Elektronenmikroskopie werden im nachfolgenden Abschnitt aufgezeigt.

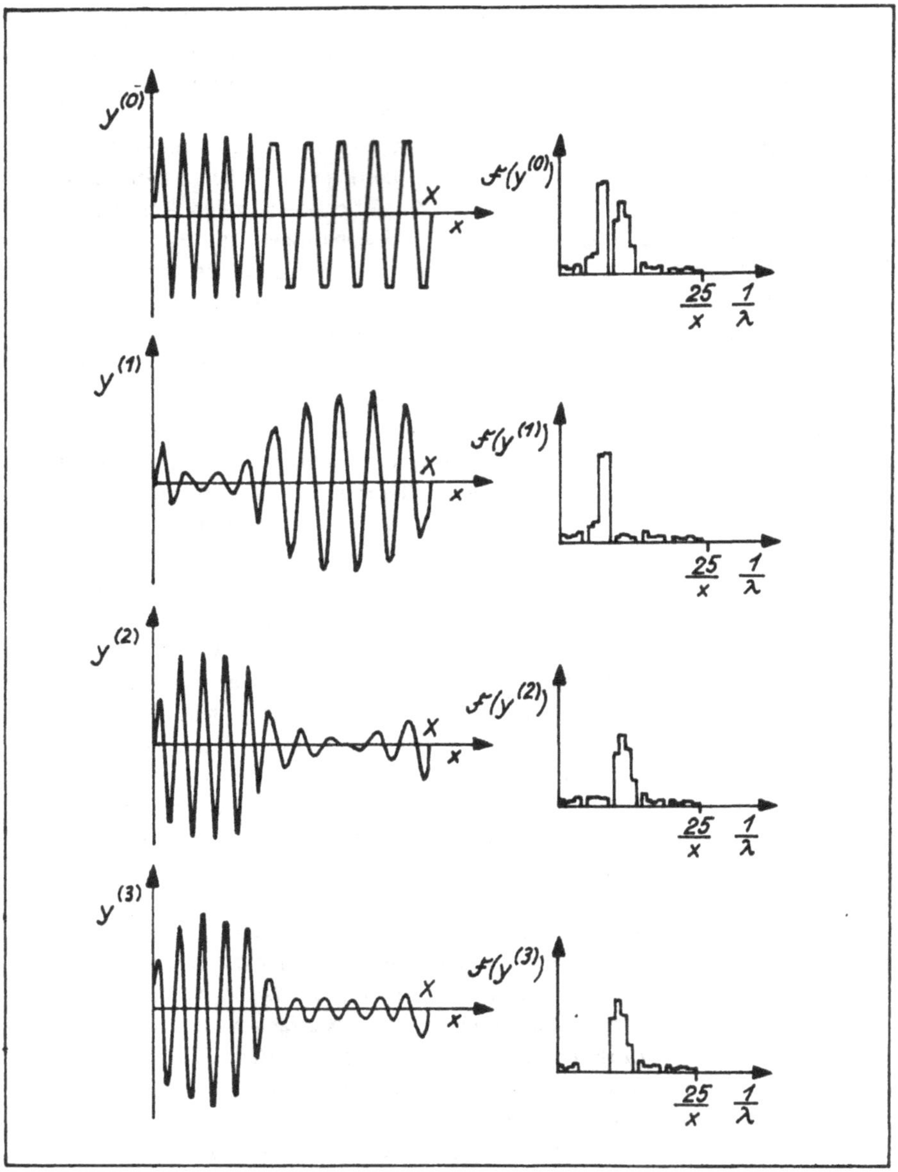

Abb. 40. Trennung von Objektbereichen unterschiedlicher Periodizität mittels Bandpaßfilterung am eindimensionalen Modell

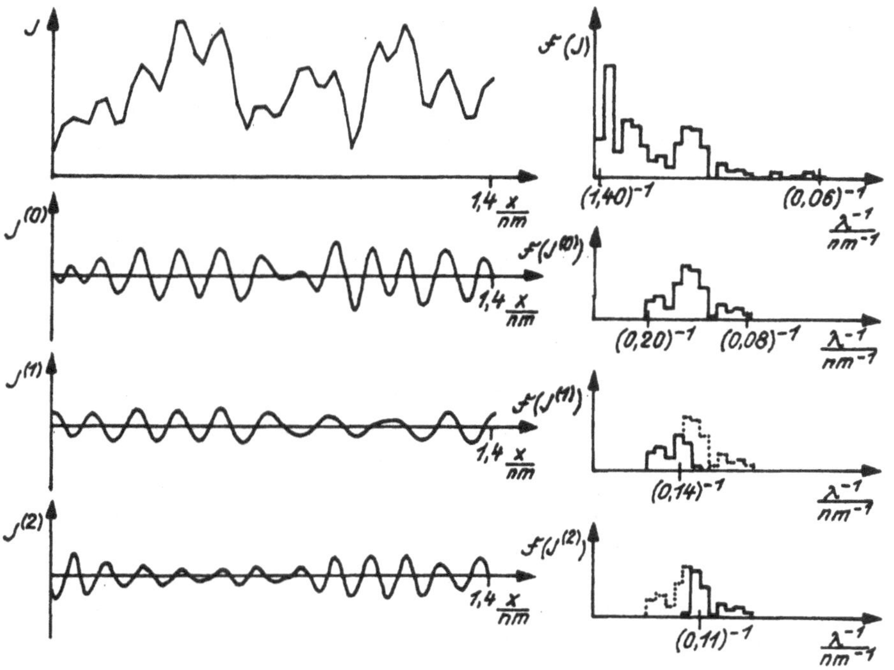

Abb. 41. Auswertung einer (220)-Netzebenenabbildung von Ausscheidungen in einer Kupferlegierung
oben: akkumulierte Mikrodensitometerkurve
unten: Ergebnisse der Bandpaßfilterung

5.1.3. Bildverarbeitungssysteme in der Elektronenmikroskopie

Für die Interpretation von transmissionselektronenmikroskopischen Aufnahmen sind eine Reihe von speziellen Bildverarbeitungssystemen entwickelt worden, die sich je nach Zielstellung und gerätetechnischem Aufwand in on-line- und off-line-Bildverarbeitungssysteme einteilen lassen.

Bei der off-line Bildverarbeitung wird von der elektronenmikroskopischen Aufnahme (Photoplatte, Film) ausgegangen, die von einem geeigneten Mikrodensitometer (s. Kap. 5.1.1.) abgerastert wird. Für die Verarbeitung des digitalisierten Bildes mit 64 X 64 bis maximal 512 X 512 Bildpunkten werden Kleinrechner mit Operationsgeschwindigkeiten von 0,1 bis 1 Million Instruktionen pro Sekunde (MIPS) und einer internen Speicherkapazität von mindestens 128 K Byte verwendet. Größere Bildpunktzahlen, ebenso wie zeitaufwendige Auswerteverfahren erfordern den Einsatz leistungsfähigerer Spezialprozessoren. Neben genügend großen externen Massenspeichern (Magnetplatte, Magnetband) und Bildschirmterminals zur dialogorientierten Bedienung sollten zur Bildbeobachtung und Bildaufzeichnung ein hochauflösender (512 X 512 pixels) Halbton-Farbmonitotor, ein Film- oder Photoausgabegerät und ein Plotter zur Verfügung stehen. Graphische Peripherie (Lichtstift, Rollkugel, Tablett) erleichtern besonders bei geometrischen Manipulationen den Bildverarbeitungsdialog wesentlich.

Neben der gerätetechnischen Ausrüstung ist die Gestaltung der Software für die Effektivität eines Bildverarbeitungssystems entscheidend. Diese sollte aus standardisierten Programmbausteinen zur Erfassung, Speicherung, Verwaltung von Bildern sowie zu deren Verknüpfung und Manipulation (s. Kap. 5.1.2.) zur Ausgabe und Archivierung bestehen. Dabei erfordert eine effektive dialogorientierte Bildmanipulation einfache, logisch aufgebaute Kommandos (spezielle Bildverarbeitungssprache) zur Aktivierung der Programmbausteine (Moduln). Um Bildfolgen (z. B. Defokussierungsserien) rationell verarbeiten zu können, erweisen sich vorprogrammierbare Kommandosequenzen (Stapelverarbeitung) als unumgänglich. Möglichkeiten zur Variation der Bildformate, zur Unterbrechung und Wiederholung von Prozeduren – einschließlich der Archivierung von Zwischenresultaten – sowie eine Vielzahl von Plausibilitätstests zur Erkennung von System- und Bedienungsfehlern machen ein Bildverarbeitungssystem nutzerfreundlich.

Als Programmiersprachen eignen sich sogenannte Hochsprachen (FORTRAN, PASCAL), die allgemeinverständliche und maschinenunabhängige Programmierung gestatten. Andererseits werden sie von modernen Rechnern so gut übersetzt, daß Assemblerprogramme nur noch in Ausnahmefällen überlegen sind.

Eine Übersicht über in der Literatur beschriebene Bildverarbeitungssysteme in der Elektronenmikroskopie gibt Tabelle 3. Vergleichende Betrachtungen der verschiedenen Computersysteme hinsichtlich ihrer Struktur und Anwendungsmöglichkeiten wurden von SMITH [143], SAXTON et al. [144] und FRANK et al. [145] durchgeführt.

Eine Anzahl von grundlegenden Soft- und Hardwarekomponenten dieser speziellen Systeme sind Bestandteile allgemeiner Bildverarbeitungssysteme, die zum Teil kommerziell vertrieben werden. In diesem Zusammenhang sei auf das vom Zentralinstitut für Kybernetik und Informationsverarbeitung der Akademie der Wissenschaften der DDR und dem VEB Kombinat Robotron entwickelte universelle Bildverarbeitungssystem A 647X hingewiesen [153, 154]. In Abbildung 42 sind die Grundkomponenten der Systemvariante A 6472, die als Basis einen Mikrorechner der Reihe K 1600 mit Standardperipherie verwendet, dargestellt. Als Film-Ein/Ausgabegerät wird standardgemäß ein Trommelscanner (FEAG vom VEB Carl Zeiss Jena) angeboten. Für die manuelle Bewegung eines Fadenkreuzes („cursor") im Bild dient eine Rollkugel („track ball"). Die Graphikbaugruppe ermöglicht es, dem angezeigten Bild graphische Elemente (Bereichsmarkierungen, Koordinatenkreuz, Schriftzeichen, Profilkurven usw.) zu überlagern, ohne daß dabei der Inhalt des gespeicherten Halbtonbil-

Tabelle 3
Modulare Bildverarbeitungssysteme in der Elektronenmikroskopie

Systeme	Einrichtung	Rechnertyp	Literatur
CIPRES	Cornell Univ. Ithaca New York, USA	PDP 11/34 A	[146]
EM	Max-Planck-Institut Biochemie, Martinsried, BRD	IBM 360 Siemens 4004 VAX-11/780	[151]
IMAGIC	Biochem. Lab., Univ. Groningen, Niederlande	NORD 10	[147]
IMPROC	Cavendish Lab., Cambridge, GB	IBM 370/165	[152]
MDPP	Biozentrum, Univ. Basel, Schweiz	IBM 360/370	[143]
MIRAGE	CENG, Grenoble, Frankreich	Intertechnique Pherimat S	[148]
OIDIPS	Dep. Appl. Phys. Osaka Univ., Japan	CEC-555 Interdata 7/32	[149]
PIC	Natl. Inst. Health, Bethesda, MD, USA	PDP-11/70	[150]
SEMPER	Cavendish Lab., Cambridge, GB	PDP-8/E IBM 370/165	[144]
SPIDER	New York State Dept. of Health, Albany, NY, USA	PDP-11/45 VAX-11/780	[145]

des verändert wird. Kernstück der Bildverarbeitungsperipherie ist ein Displayprozessor mit schnellen Arithmetikschaltungen und Parallelverarbeitung. So dauert beispielsweise die Linearkombination mehrerer Bilder von je 512 × 512 Punkten nur 40 ms, die Anwendung eines lokalen Matrixfilters der Größe 3 × 3 nur 80 ms. Zum Bildverarbeitungssystem robotron A 647X existiert ein Programmsystem IPU (image processing utility), welches etwa 50 Bildverarbeitungsgrundfunktionen enthält [155].

Die Nachteile der off-line Verarbeitung in der Elektronenmikroskopie sind, daß eine direkte Rückwirkung auf das Mikroskop nicht gegeben ist und eine lange Verarbeitungszeit von der Aufzeichnung des Bildes bis zur Auswertung besteht. Des weiteren ist bei Vergrößerungen im HREM-Bereich (Abbildungsmaßstab bis zu 10^6fach) der Bildkontrast auf dem Leuchtschirm trotz hoher Strahlintensitäten im Probenbereich so gering, daß vom einzelnen Beobachter wichtige Bilddetails übersehen werden können. Dies führt zu langen Beobachtungszeiten und die damit verbundene ständige Strahlenbelastung des Objektes

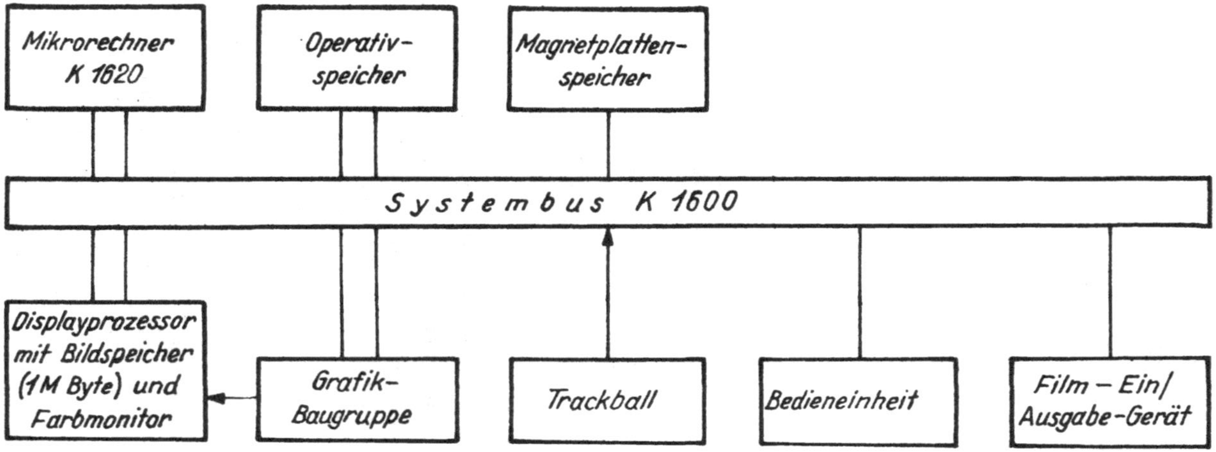

Abb. 42. Schema zum interaktiven Bildverarbeitungssystem A 6472 (VEB Kombinat Robotron / Zentralinstitut für Kybernetik und Informationsverarbeitung der AdW der DDR)

bewirkt unter Umständen dessen Veränderung oder Drift. Eine Möglichkeit, die genannten Nachteile zu vermeiden, besteht in der direkten Kopplung des Elektronenmikroskops mit dem Bildverarbeitungssystem (on-line Betrieb). Die elektronische Bildaufzeichnung im Mikroskop erfolgt dabei entweder mittels Fernsehkamera [67, 72, 156, 157], CCD-Matrix [73] oder Photodiodenmatrix (SSPDA – self-scanning photo-diode array) [158]. Ein Beispiel für ein derartiges Bildspeicher- und Bildverarbeitungssystem ist in Abbildung 43 schematisch dargestellt. Dabei wird das elektronenmikroskopische Bild des Leuchtschirms über Faseroptik und Bildverstärkerröhre von einer hochempfindlichen Kameraröhre aufgenommen. Das so verstärkte Bild kann auf einem Monitor beobachtet und parallel dazu in einem digitalen Halbleiterspeicher registriert und akkumuliert werden. Damit ist das Bild ohne weitere Strahlenbelastung des Objektes beobacht- und auswertbar.

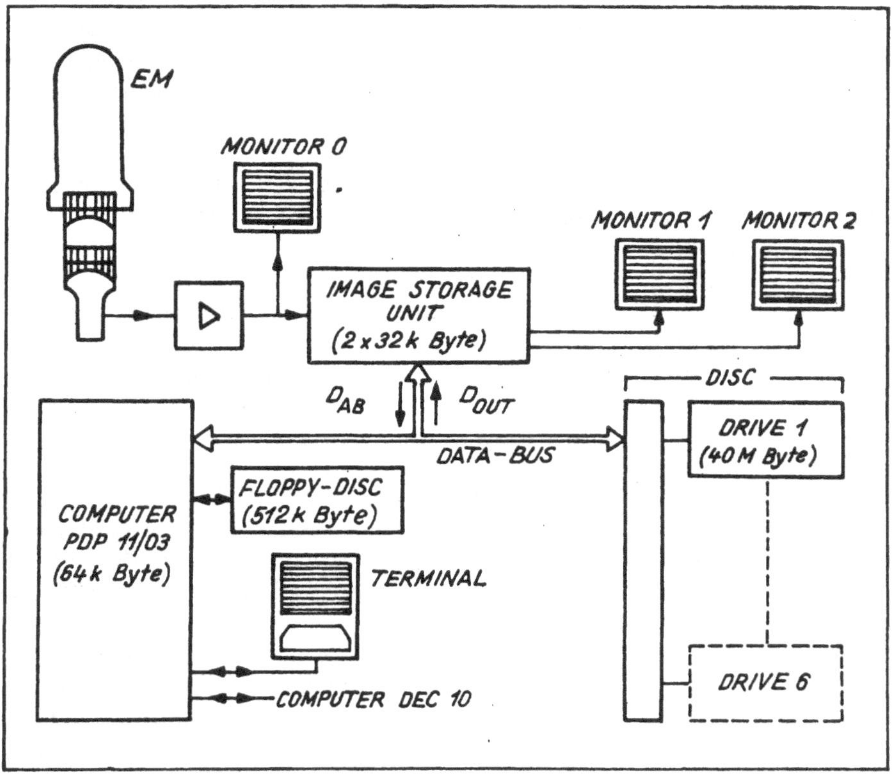

Abb. 43. „on-line"-Bildverarbeitung in der Elektronenmikroskopie
Digitales Bildspeicher- und Bildverarbeitungssystem (nach HERRMANN, KRAHL und RUST [72])

Neuerdings werden die Resultate der on-line Bildverarbeitung direkt an eine digitale Gerätesteuerung des Mikroskopes weitergeleitet, wodurch z. B. in der HREM die Korrektur des Astigmatismus und die Einstellung optimaler Defokussierungswerte vollautomatisch erfolgen kann [159]. Die Entwicklung und der Einsatz derartiger Systeme ist mit hohem gerätetechnischen Aufwand verbunden. Bisher existieren nur Labormuster.

5.2. Methoden der optischen Bildverarbeitung

Die Bildverarbeitung elektronenmikroskopischer Abbildungen hat im Gegensatz zu den theoretischen Kontrastmodellierungen experimentelle Aufnahmen als Ausgangspunkt. Die auf dem Leuchtschirm des Mikroskops abgebildete bzw. auf der Photoplatte registrierte Bildintensitätsverteilung kann neben anderen Bildinterpretationsverfahren ebenso mit Hilfe optischer Methoden analysiert werden.

In Abhängigkeit von den gegebenen Beleuchtungsbedingungen lassen sich die optischen Methoden der Bildverarbeitung prinzipiell in kohärente und inkohärente Verfahren einteilen. Die vielfältigen Möglichkeiten und Anwendungen der optischen Bildverarbeitung in den unterschiedlichsten Wissenschaftsgebieten (z. B. Medizin, Raumfahrt, Physik, Elektronenmikroskopie) sind in zahlreichen Monographien und Übersichtsartikeln behandelt worden (s. z. B. [160–163]). Ein Vergleich und eine Abschätzung der Vor- und Nachteile der optischen und digitalen Bildverarbeitung in der Hochauflösungs-Elektronenmikroskopie wurde von BURGE, DAINTY und SCOTT [164] vorgenommen. Die optischen Systeme (z. B. optische Diffraktometer, Holographieverfahren) haben generell den Vorteil, daß größere Bildbereiche ($>10^7$ Bildpunkte) schnell und direkt transformiert werden. Digitale Methoden sind im Gegensatz zu den optischen Verfahren rauschfrei; die Linearität der Übertragung ist in jedem Fall gewährleistet. Bei den optischen Systemen beeinflussen Beugungseffekte und Linsenfehler (wie bereits bei der Bildentstehung in Kap. 2.2. unter HREM-Bedingungen gezeigt wurde) den Übertragungsprozeß und die Bildqualität. Es sei in diesem Zusammenhang erwähnt, daß jedoch bei digitalen Bildverarbeitungssystemen in der Übertragungskette (z. B. Abtastsysteme, Bildausgabesysteme) optische Komponenten enthalten sind, deren optische Übertragungseigenschaften bei den bildverarbeitenden Operationen zu berücksichtigen sind (z. B. Fehlerquellen des Abtastsystems).

Das wohl am häufigsten angewandte kohärente Bildanalyseverfahren zur Interpretation von HREM-Aufnahmen ist die Methode der optischen Beugung, deren Grundlagen und Anwendungsmöglichkeiten in den folgenden Abschnitten behandelt werden.

Zur Bildverbesserung und Bildrestauration sind ebenso experimentell aufwendige holographische Verfahren angewandt worden. Die gegenwärtigen Möglichkeiten und Anwendungsgrenzen der verschiedenen elektronenmikroskopischen Holographietechniken werden ausführlich in den Übersichten von WADE [165] und HANSSEN et al. [166, 167] aufgezeigt.

5.2.1. Optische Diffraktometrie

Bei der optischen Beugung wird der zu untersuchende Bildbereich einer HREM-Abbildung mit kohärentem Licht durchstrahlt und von der in der elektronenmikroskopischen Photoplatte aufgezeichneten Information das FRAUNHOFERsche Beugungsbild erzeugt und quantitativ ausgewertet. Die FRAUNHOFERsche Beugung ist dadurch charakterisiert, daß alle vom Objekt in eine identische Richtung gestreuten Strahlen in einem Punkt des Beugungsbildes abgebildet werden, d. h. die Hochauflösungsabbildung wird in ihre Raumfrequenzen zerlegt. Die mathematische Beschreibung dieses Vorganges ist eine Fourieranalyse:

$$\Psi(u, v) = \int D(x, y) \exp\{2\pi i\,(xu + yv)\}\,dxdy = \mathrm{F}\,[D(x, y)]. \qquad (5.11)$$

D(x, y) ist die bei der Hochauflösungsabbildung aufgezeichnete Bildintensität, d. h. die optische Dichte- bzw. Schwärzungsverteilung, an der die optische Beugung vorgenommen wird. Die Funktion $\Psi(u, v)$ stellt die im allgemeinen komplexe Wellenfunktion im FRAUNHOFERschen Beugungsbild (Fourierspektrum) dar. Der zur optischen Bildanalyse vorgesehene Objektbereich wird mit einer Bereichsblende (A(x, y) = 1 innerhalb der Apertur) ausgewählt. Entsprechend dem Faltungstheorem bedeutet das, daß jeder Punkt des Objekt-Fourierspektrums $\Psi(u, v)$ mit dem Beugungsbild der Blende (i. a. BESSEL-Funktionen bei einer kreisförmigen Apertur) gefaltet wird:

$$D(x, y) \cdot A(x, y) \overset{\mathrm{F}}{\Rightarrow} \Psi(u, v) * \mathrm{F}\,[A(x, y)]. \qquad (5.12)$$

Zur Beobachtung hinreichend scharfer Reflexe im Beugungsbild ist daher die Blende möglichst groß, verglichen mit den interessierenden Objektabständen, zu wählen. Zur Beobachtung und Registrierung des FRAUNHOFERschen Beugungsbildes, das im „optisch Unendlichen" liegt, dient eine Sammellinse, welche die Eigenschaft hat, einfallende Parallelstrahlen in der bildseitigen Brennebene in einem Punkt zu fokussieren. Wenn im Objekt eine Schwärzungsperiode mit dem Abstand d angenommen wird, und f die Brennweite der Linse ist, gilt für kleine Beugungswinkel die folgende Relation zwischen dem Objekt- und dem Fourierraum:

$$R = \lambda f/d. \qquad (5.13)$$

Dabei ist R der Abstand zwischen dem Primärreflex und dem ersten Beugungsmaximum, λ bezeichnet die Wellenlänge der verwendeten kohärenten Lichtquelle.

Aus Gleichung (5.13) ist das Reziprozitätsgesetz (reziproke Metrik von

Real- und Fourierraum) ersichtlich. Der Objekt- und der Fourierraum stehen orthogonal zueinander, relative Winkelbeziehungen bleiben bei der Ausführung der optischen Beugung erhalten.

Bei der Bildanalyse von elektronenmikroskopischen Hochauflösungsabbildungen wird im allgemeinen davon ausgegangen, daß die Photoplatten reine Amplitudenobjekte sind und bei der optischen Beugung keine Beeinflussung der Phasen erfolgt. Entsprechend den Eigenschaften der Fourieranalyse gilt dann für reelle Objektfunktionen D(x, y):

$$\Psi(u, v) = \Psi^*(-u, -v), \qquad (5.14)$$

d. h. optische Beugungsbilder weisen stets eine 2zählige Symmetrie (Zentrosymmetrie) auf.

Systematische Untersuchungen zu den phasenbeeinflussenden Eigenschaften elektronenmikroskopischer Photoemulsionen wurden von KOMRSKA [168] durchgeführt. Anhand der Symmetrieeigenschaften der Beugungsbilder bezüglich der Einhaltung einiger Theoreme der FRAUNHOFERschen Beugung (ABBE-Theorem, BABINET-Theorem) konnte dieser Effekt abgeschätzt werden. Ebenso führt eine Belichtung der elektronenmikroskopischen Photoplatte im nicht-linearen Teil der Gradationskurve zu Artefakten im Diffraktogramm.

Die FRAUNHOFERsche Beugung ist als Routineverfahren der Bildanalyse von großem praktischen Nutzen, weil durch die ablaufende Fourieranalyse eine Anzahl wichtiger Objekteigenschaften bzw. Eigenschaften des elektronenoptischen Abbildungssystems zugänglich werden. Das FRAUNHOFERsche Beugungsbild einer HREM-Abbildung liefert Aussagen zur Auflösung, zur Kontrastübertragung sowie zu speziellen Objekteigenschaften, wie z. B. Periodizität, Symmetrie, Vorzugsorientierungen und statistischen Daten. Zur Ausführung der Beugungsexperimente im Institut für Festkörperphysik und Elektronenmikroskopie der AdW der DDR wird ein optisches Diffraktometer verwendet, das im folgenden beschrieben wird. Die Anwendung des Diffraktometers für Untersuchungen zu den elektronenoptischen Parametern der Hochauflösungsabbildung und für die Bildanalyse von Vielstrahlabbildungen ist in den Abschnitten 5.2.2. – 5.2.4. enthalten.

Die gerätetechnischen Anforderungen an eine Beugungsanlage werden einerseits durch die zu untersuchenden Strukturdetails (Breite des Ortsfrequenzbereiches) und andererseits durch die Möglichkeiten zur Beeinflussung des Bildinhaltes festgelegt. Zur Auswertung elektronenmikroskopischer Aufnahmen (optische Beugung, Filterung und Rekonstruktion des Bildes) wurde auf einem 4,50 m langen, schwingungsisolierten Aufbautisch (Masse ca. 1 200 kg) ein lichtoptisches Diffraktometer errichtet (Abbildungen 44 und 45 – s. Tafelteil) [169]. Als monochromatische und kohärente Lichtquelle dient ein 40 mW Helium-Neon-Dauerstrichlasser mit einer Wellenlänge λ = 632,8 nm. Die Intensität des vom Laser emittierten linear polarisierten Lichtes kann – je nach den experimentellen Erfordernissen – durch einen Polarisator abgeschwächt werden. Durch die Spiegel M_1 und M_2 wird der Laserstrahl umgelenkt und trifft auf das Strahlaufweitungssystem (KEPLERsches Aufweitungssystem L_1, H, L_2) mit Raumfilterblende. Das Aufweitungssystem besteht aus zwei Bikonvexlinsen. Der Aufweitungsfaktor ist durch den Quotienten der Brennweiten der Linsen f_{L_2}/f_{L_1} bestimmt. Das verwendete KEPLER-System liefert ein aufgeweitetes, paralleles Lichtbündel von 50 mm Durchmesser. Im gemeinsamen Fokus der beiden Linsen befindet sich eine „pin-hole"-Blende H. Diese Blende mit einem Durchmesser von ca. 20 μm dient als Modenblende. Die Raumfilterblende läßt nur den Zentralmode passieren (geneigte Schwingungsmoden werden ausgefiltert), wodurch eine homogene Ausleuchtung des aufgeweiteten Strahlenbündels gegeben ist. Die zu untersuchenden optischen Informationsträger (Photoplatten, Filme, Beugungsmasken) werden im Objekthalter befestigt, der in der Objektebene O angeordnet ist. Mit Hilfe der Bereichsblende A können Größe und Position der zu analysierenden Probenbereiche gezielt verändert werden. Durch die Wahl unterschiedlicher Beugungslinsen L_3 (f = 500 mm, 1 000 mm, 2 300 mm) ist die Auswertung von Strukturdetails von 20 μm – 1 mm auf den Photoplatten möglich. In der Brennebene D_1 der Beugungslinsen entsteht das FRAUNHOFERsche Beugungsbild (Ortsfrequenzspektrum). Die reziproke Skala im Beugungsraum ist durch die Beziehung $R = f_{L_3} \cdot \lambda/d$ gegeben (siehe Gleichung (5.13)). Hierbei bedeuten d eine angenommene Periode in der Objektplatte, λ die Wellenlänge der verwendeten Lichtstrahlung und f die Brennweite der Beugungslinse L_3. Der Abstand R zwischen dem Primärreflex und dem ersten Beugungsmaximum kann einerseits durch eine geeignete Wahl des elektronenmikroskopischen Abbildungsmaßstabes und andererseits durch eine Variation der Brennweite der Beugungslinse so verändert werden, daß eine geeignete photographische Registrierung mit einer Kamera (6 × 6 (cm^2)) in der Ebene D_1 erfolgen kann. Mit den oben aufgeführten Brennweiten f_{L_3} können die in Tabelle 4 zusammengestellten Objektperiodizitäten untersucht werden. Zur photographischen Aufzeichnung wird handelsüblicher Rollfilm mit einer Empfindlichkeit 15 DIN eingesetzt. Ein Eingriff in das optische Beugungsbild (Ortsfrequenzspektrum) ist durch geeignete Filtermasken möglich. Zu diesem Zweck befindet sich in der Brennebene D_1 eine kombinierte Kamera-Filter-Halterung, mit welcher wahlweise die photographische Registrierung des Beugungsdiagrammes bzw. eine optische Filterung mittels Filtermasken vorgenommen werden kann. Nach einer 180°-Drehung der kombinierten Halterung wird der Lichtweg zur Rekonstruktion der Abbildung freigegeben, die in der Endbildebene I_2 beobachtet und photographisch registriert werden kann. Die Rekonstruktionslinse L_4 (f = 1 000 mm) erzeugt an der Position L_1 ein Zwischenbild, welches durch die Projektionslinse L_5 (f = 500 mm) nachvergrößert wird. Mit Hilfe der Laserspiegel M_3 und M_4 wird das aufgeweitete Strahlenbündel umgelenkt. Für eine phasenrichtige Rekonstruktion der Ab-

Tabelle 4
Abschätzung der experimentellen Parameter am Diffraktometer

f (mm)	d (mm)	R (mm^{-1})	d_{Probe} (nm)	V
500	0,01	31,6	0,1	100 000
	0,025	12,7	0,25	100 000
	0,05	6,3	0,5	100 000
1 000	0,1	6,3	0,2	500 000
	0,25	2,5	0,5	500 000
	0,5	1,2	1,0	500 000
2 250	0,1	14,5	0,2	500 000
	0,25	5,8	0,5	500 000
	0,5	2,9	1,0	500 000

optisches Diffraktometer — Elektronenmikroskop

bildung ist für die wirksame Fläche (Durchmesser ≈ 50 mm) eine Planizität der Spiegel von besser als λ/2 erforderlich. Der gesamte Abbildungsmaßstab im Strahlengang von der Objektebene O zur Bildebene I_2 beträgt bei der vorliegenden Konstruktion V ≈ 3,6. Durch das Einbringen der Linse L_6 in den Strahlengang kann auch das Beugungsdiagramm auf den Endbildschirm I_2 mit V ≈ 3,0 projiziert werden.

Die gewählte geometrische Konzeption des Gerätes (Anordnung der Linsen, Objekt- und Filterhalterungen) ermöglicht es *einem* Experimentator, in der Objektebene den Probenbereich zu variieren und gleichzeitig das vergrößerte optische Beugungsbild bzw. die optische Abbildung des Objektes bzw. rekonstruierten Objektes zu beobachten.

Ausführliche Beschreibungen über die Methode der optischen Beugung und die gerätetechnischen Anforderungen sowie Hinweise zum Aufbau und zur Justierung finden sich z. B. in den Übersichten von LIPSON [170], BEESTON et al. [171] und PINCUS [172] (s. hierzu auch [173–175]).

5.2.2. Untersuchungen der Kontrastübertragungseigenschaften und von Abbildungsfehlern des elektronenoptischen Systems

Elektronenmikroskopische Hochauflösungsabbildungen enthalten, wie im Kapitel 3. ausführlich theoretisch behandelt, sowohl Informationen über die Probe als auch über das abbildende System. Amorphe Objekte (z. B. dünne Kohlenstoffolien) liefern wegen ihres charakteristischen atomaren Aufbaus (keine Fernordnung zwischen den Atomen) ein sehr breites, nahezu kontinuierliches Raumfrequenzspektrum bei der Elektronenbeugung. Im Gegensatz zu kristallinen Proben, bei denen infolge der konstruktiven Interferenz an den geordneten Kristallbausteinen nur einzelne Ortsfrequenzen (Beugungsreflexe) im

Raumfrequenzspektrum mit einem von Null verschiedenen Wert auftreten, können aus HREM-Abbildungen amorpher Folien Rückschlüsse auf die Kontrastübertragungsfunktion gezogen werden. Optische Beugungsdiagramme der entsprechenden elektronenmikroskopischen Aufnahmen ermöglichen eine Ermittlung der Defokussierung bzw. des Öffnungsfehlers durch eine Vermessung der Ringstruktur des Beugungsbildes [176]. Unsymmetrien lassen auf einen vorliegenden Astigmatismus bzw. eine Bilddrift schließen. Um derartige Bildfehler zu erkennen, ist die optische Beugung für elektronenmikroskopische Aufnahmen an der Grenze des Auflösungsvermögens unentbehrlich [177].

Die quantitative Bestimmung der Defokussierung mit optischen Beugungsdiagrammen amorpher Proben geht von der Voraussetzung aus, daß bei der Elektronenbeugung die Phasenverschiebung zwischen der gestreuten Welle und der Primärwelle $\pi/2$ beträgt. Diese Phasenbeziehung ist, wie die Näherung für dünne Proben ($t \leqslant 10$ nm) in Kapitel 3. zeigt, gut erfüllt. Bei der Interferenz der Wellen im Falle der elektronenmikroskopischen Abbildung kann nur dann Kontrast auftreten, wenn nach dem Prinzip des Phasenkontrastes der Öffnungsfehler und die Defokussierung eine zusätzliche Drehung der Phase von

$$\chi = \frac{\pi}{2}, \frac{3\pi}{2}, \ldots$$

erzeugen. Dabei ist nach SCHERZER [59], wie bereits in den Kapiteln 2. und 3. gezeigt, die Phasenverschiebung eine Funktion des Beugungswinkels θ, und Objektabstände, die diesen Streuwinkeln zugeordnet sind, haben optimalen Kontrast in der Abbildung. Raumfrequenzen, für die aus Gleichung (3.4) eine Phasendrehung von $\chi = \pi, 2\pi, \ldots$ folgt, werden in der elektronenmikroskopischen Abbildung unterdrückt und bilden Informationslücken.

Abbildung 46 (s. Tafelteil) zeigt optische Beugungsdiagramme, die zu einer Defokussierungsserie eines dünnen Kohlefilms gehören. Die Intensität in den einzelnen Beugungsbildern ist jeweils proportional zum Betragsquadrat der eingestellten Phasen-Kontrastübertragungsfunktion (siehe Gleichung (3.4)). Für die in Abbildung 46 gezeigten Beispiele sind die gezeichneten Kontrastübertragungsfunktionen sin (χ) zum Vergleich angegeben. Für eine Unterfokussierung von $\Delta = 80$ nm ist die Bedingung des SCHERZER-Fokus erfüllt, d. h. im übertragenen Raumfrequenzspektrum tritt keine Informationslücke ($\sin \chi = 0$) auf. Die Auflösung in den elektronenmikroskopischen Abbildungen des Kohlefilms beträgt ca. 0,4 nm. Das bedeutet, daß für den Kohlefilm keine feinere Struktur (höhere Ortsfrequenzen) nachgewiesen werden kann, bzw. daß die elektrische Stabilität des Elektronenmikroskops (δf (ΔV, ΔI, c_c, α_B), siehe Abschnitt 3.1.) die Abbildung höherer Raumfrequenzen unterdrückt. Die Bestimmung des tatsächlichen Raumfrequenzspektrums der Kohlenstoffolien (radiale atomare Abstandsverteilung) ist beispielsweise durch Elektronenbeugung möglich, wobei der Einfluß der Kontrastübertragungsfunktion hier weitgehend ausgeschlossen ist. Wird bei der elektronenmikroskopischen Abbildung von dünnen amorphen Filmen zu

Testzwecken die Defokussierung extrem gewählt (300 nm $< |\Delta| <$ 1 000 nm), weist das optische Beugungsbild eine größere Anzahl von Nulldurchgängen auf. Mit Hilfe eines Verfahrens von KRIVANEK [178] können z. B. nach dem genauen Vermessen der Nullringe durch die Anwendung einer graphischen Methode, die auf einer Parameterdarstellung der Kontrastübertragungsfunktion beruht, aus einer Abbildung sowohl die Defokussierung als auch der Öffnungsfehler gewonnen werden (siehe auch [179]).

In der Abbildung 47 (s. Tafelteil) sind elektronenmikroskopische Aufnahmen wiedergegeben, die zum Teil mit Bildfehlern behaftet sind bzw. sich in den Abbildungsbedingungen unterscheiden. Durch optische Beugung kann deutlich unterschieden werden zwischen zentraler Abbildung (a), Abbildung mit Probendrift (b), astigmatischer Abbildung (c) und der elektronenmikroskopischen Abbildung des Kohlefilms mit gekippter Beleuchtung (d). Einer der häufigsten Fehler bei der elektronenoptischen Abbildung ist der Astigmatismus, der darauf beruht, daß die Rotationssymmetrie des Magnetfeldes der Objektivlinse verletzt ist. Sie ruft in zwei zueinander senkrecht stehenden Richtungen maximale Brennweitendifferenzen hervor. Neben elliptischen Deformationen der Beugungsfigur (Abb. 47c) können – nahe dem Fokus – bei größerem Astigmatismus auch Maxima auf Hyperlästen beobachtet werden. In Abbildung 48 (s. Tafelteil) sind eine HREM-Abbildung einer Glasfolie und das dazugehörige optische Beugungsdiagramm dargestellt [180]. Während der Belichtung im Elektronenmikroskop ist offensichtlich eine starke Probenbewegung erfolgt. Das optische Beugungsdiagramm weist entsprechend der Orthogonalitätsbeziehung ein breites Spektrum von Ortsfrequenzen nach, in dem keine charakteristischen Perioden auftreten.

Wie die kleine Auswahl von Beispielen zur Verdeutlichung der Übertragungseigenschaften des Elektronenmikroskops zeigt, können durch optische Diffraktometrie qualitative und bei entsprechender Auswertung (Photometrie) auch quantitative Aussagen zu den Abbildungsbedingungen gewonnen werden, die mit anderen Methoden nicht ohne weiteres zu erhalten sind. Amorphe Objekte sind dabei auf Grund ihres „kontinuierlichen" Fourierspektrums besonders geeignet, Objektinformationen und Parameter des Abbildungssystems zu trennen.

5.2.3. Analyse von Vielstrahlabbildungen mittels optischer Diffraktometrie

Bei der Bildanalyse von elektronenmikroskopischen Abbildungen kristalliner Objekte werden Aussagen zu den strukturellen Eigenschaften der Probe gewonnen. Die optische Beugung an HREM-Abbildungen entspricht der Fourieranalyse der Bildintensität und liefert daher eine Information zur Auflösung im Bild. Das optische Beugungsdiagramm weist nach, wieviele Reflexe zur Abbildung beigetragen haben. Bei der Elektronenstreuung im Mikroskop werden durch die Wechselwirkung Elektronenstrahl–Probe eine Vielzahl von Interferenzmaxima erzeugt, die als Strukturamplituden den Aufbau des Kristalls beschreiben. Das Elektronenbeugungsdiagramm (Betragsquadrat der Strukturamplituden) kann im Elektronenmikroskop beobachtet werden. Durch die Einschränkungen des sich anschließenden elektronenoptischen Abbildungsprozesses infolge von Wellenaberrationen (c_s, Δ) und der aus Stabilitätsgründen begrenzten Übertragungscharakteristik für hohe Raumfrequenzen (δf, siehe Abschnitt 3.1.) gelangen nur ausgewählte Strahlen zur Bildebene. Bei Zwei- oder Dreistrahlfällen wird die Anzahl der abgebildeten Strahlen zusätzlich durch eine Aperturblende eingeschränkt. Die relativen Verschiebungen der einzelnen Streifensysteme in der HREM-Abbildung werden durch die zum jeweiligen Beugungswinkel gehörige Phase der CTF bestimmt. Eine Strukturabbildung entsteht, wenn die zum Bildkontrast beitragenden Reflexe durch eine geeignete Defokussierung (SCHERZER-Fokus, AFF) phasenrichtig in der Bildebene aufgezeichnet werden. Über die in der Photoplatte registrierte Intensitätsverteilung sind dann Aussagen zu den relativen Anregungsstärken der einzelnen Reflexe möglich; die Phaseninformation geht jedoch verloren.

Unter der Annahme, daß einerseits die Belichtung der elektronenmikroskopischen Aufnahme im linearen Teil der Gradationskurve erfolgt ist, und andererseits die Photoplatte im Diffraktometer als reelles Amplitudenobjekt wirkt, liefert die optische Beugung gut interpretierbare, zentrosymmetrische Diagramme.

In Abbildung 49 (s. Tafelteil) sind Netzebenenabbildungen von Gold bzw. Kupfer durch optische Beugung untersucht worden. In Teilbild a) war im Elektronenmikroskop ein „gekippter Dreistrahlfall" realisiert, der bei geeigneten Abbildungsbedingungen zu gekreuzten Netzebenen des Typs {200} mit einem Netzebenenabstand von 0,204 nm im Bild interferiert. Dieser Drei-Strahlfall ((000)-, (020)-, (200)-Reflexe) führt auf Grund des Verlustes der Phaseninformation bei der photographischen Aufzeichnung im Mikroskop zu einem optischen Beugungsbild, das von dem eines zentralen Fünf-Strahlfalles nicht unterschieden werden kann! Im unteren Teil von Bild 49 wird eine (220) Netzebenenabbildung von Kupfer analysiert. Für die (001)-Probenorientierung wurde die Strahl/Probenkippung so eingestellt, daß ein (220)-Reflex in BRAGG-Lage (maximale Anregung) kommt. Die elektronenmikroskopische Abbildung zeigt dann bei einer geeigneten Wahl der Defokussierung Netzebenen mit einem Abstand von 0,128 nm. Diese hohe Netzebenen-„Auflösung" (die beträchtlich besser als die interpretierbare Auflösung für Vielstrahl-Abbildungen und amorphe Proben ist), wird durch den gekippten Strahl (die optische Achse liegt symmetrisch zwischen (000) und (220)) möglich. Obwohl in der Abbildung nur ein sehr geringer Kontrast auftritt, kann durch optische Beugung nachgewiesen werden, daß eine „Auflösung" der (220)-Netzebenen erreicht worden ist.

Die Netzebenenabbildungstechnik, die im allgemeinen aus Auflösungsgründen für Proben mit sehr kleinen Elementarzellen ($a \leqslant 0{,}4$ nm) herangezogen wird, ermöglicht auf Grund der geringen Anzahl abbildender Strahlen nur begrenzt Aussagen über die atomare Struktur in der Elementarzelle. Im Gegensatz dazu geben die echten Vielstrahlabbildungen in direkter Weise strukturelle Details innerhalb der Elementarzelle wieder.

Die in Kapitel 4. modellierten Abbildungen von Granat, Pyrophyllit und Silicium enthalten als wesentliche Eingangsinformation die Zahl der zur Bildintensität beitragenden Reflexe. Die Modellierung des Bildkontrastes setzt daher in jedem Fall eine Bildanalyse der zu interpretierenden Aufnahme mittels optischer Beugung voraus. Daß aus optischen Beugungsdiagrammen auch Rückschlüsse auf dynamische Effekte der Elektronenbeugung in der Probe möglich sind, wird bei der Strukturabbildung von Silicium deutlich. Das optische Beugungsbild einer HREM-Abbildung von (110)-Silicium, das neben Aussagen zur Auflösung auch die starke Umweganregung der (002)-Reflexe belegt, ist in Abbildung 22 (Tafelteil) als experimentelles Gegenstück zur Computersimulation dargestellt. Die (400)-Reflexe, die mit dem durch das Kristallgitter vorgegebenen Atomabstand von 0,14 nm korrelieren, sind im optischen Beugungsbild nur sehr schwach vorhanden. Ihre Intensität ist, wie auch durch photometrische Auswertung der elektronenmikroskopischen Vielstrahlabbildung nachgewiesen werden kann, nicht ausreichend, um die virtuellen Atomabstände, die aus den (002)- und (113)-Reflexen resultieren, zu überlagern.

Ein weiteres Beispiel (Abb. 25 – Tafelteil) für die notwendige enge Kopplung der HREM-Abbildung mit der optischen Beugung und der Bildmodellierung ist die Bildanalyse von Pyrophyllit-Strukturabbildungen. Im Gegensatz zur Röntgenbeugung und zur Elektronenbeugung besteht der entscheidende Vorteil der optischen Diffraktometrie hier darin, daß die Fourieranalyse für extrem kleine Probenbereiche, mit einem Durchmesser unter 5 nm ausgeführt werden kann. In Abbildung 25 wird eine HREM-Abbildung von (110)-orientiertem Pyrophyllit untersucht, bei der im Bildbereich b) zwei verschiedene Polytype auftreten. Die alternierende Stapelung ($2M_1$, linker Teil) und die uniforme Stapelung (1Tc, rechter Teil) der benachbarten Silikatschichten können durch optische Feinbereichsbeugung gut getrennt werden. Dabei ist es für die Computersimulation der Abbildung besonders wichtig (siehe Abschnitt 4.1.), die Zahl und die gegenseitige Orientierung der abgebildeten Strahlen zu erfahren.

Für kristalline Proben mit sehr großen Elementarzellen können – wie anhand von Abbildung 50 (s. Tafelteil) am Beispiel der optischen Beugung einer Vielstrahlabbildung von (111)-orientiertem Y-Al-Granat ($a = 1{,}2$ nm) gezeigt wird – sehr viele Strahlen zur Abbildung beitragen. Das führt bei der Interferenz im Elektronenmikroskop, die durch eine Änderung der Defokussierung beeinflußt wird (Teilbilder Abb. 50), zu einer Feinstruktur innerhalb der Elementarmasche der Abbildung (s. Markierung). Dabei kann z. B. eine Kontrastumkehr erfolgen, wie in Abbildung 15 (Tafelteil) durch Computersimulationsrechnungen – jedoch für etwas geringere Auflösung – belegt wurde. Trotz der großen Anzahl übertragener Raumfrequenzen ist eine Auflösung einzelner Atome auf Grund der begrenzten Kohärenz nicht möglich; es wurden nur Gruppen von Atomen aufgelöst (vgl. Abb. 14a). Neben den hier beschriebenen Anwendungen der optischen Diffraktometrie, die hauptsächlich zum Nachweis von einzelnen Netzebenensystemen, deren relativer Orientierung und einer Bestimmung der Auflösung dienen, kann die Laserbeugung auch erfolgreich zur Analyse von Kristalldefekten eingesetzt werden.

5.2.4. Interpretation von Abbildungen gestörter Kristalle durch optische Diffraktometrie

In vielen elektronenmikroskopischen Aufnahmen führt die Realstruktur zu Bildbereichen mit verändertem Kontrast, so daß eine optische Analyse dieser Bereiche Aussagen über den Typ, die Lage und Anordnung der Kristallstörung ermöglicht. Typische Effekte sind das Auftreten von Zusatzreflexen, die infolge einer veränderten atomistischen Struktur durch den jeweiligen Kristalldefekt (z. B. Rotation der Netzebenen um eine Drehachse bei Zwillingen, Änderung der Netzebenenabstände bei Fremdphasen) entstehen. Ein Teil der linearen Kristalldefekte hat im optischen Beugungsbild das Auftreten von „streaks" zur Folge. Die folgenden Beispiele zeigen, daß eine Korrelation Abbildung – optisches Beugungsdiagramm anschaulich möglich ist. Sie sind ein kleiner Ausschnitt von umfangreichen Experimenten, bei denen im allgemeinen die optische Beugung zur Musterung und weiteren Auswahl der HREM-Abbildungen von Realkristallen eingesetzt wird.

Beispiele zur Strukturuntersuchung dreidimensionaler Kristalldefekte sind in Abbildung 51 (s. Tafelteil) dargestellt. Durch die Analyse der in Abbildung 51a gegebenen Netzebenenabbildung kann die Existenz von kleinen, geordneten GP-Zonen in einer AlMgZn-Legierung nachgewiesen werden [181]. Diese aushärtbare Aluminiumlegierung zeigt in der elektronenmikroskopischen Abbildung (gekippter Zweistrahlfall) in bestimmten Probenbereichen Perioden, die den doppelten Abstand der (200)-Netzebenen (0,202 nm) aufweisen. Nur jeder zweite Netzebenenstreifen hat identischen Kontrast, was eine bestimmte Umordnung der beteiligten drei Elemente ausweist. Das optische Beugungsdiagramm in Abbildung 51b, das an einem solchen Probenbereich aufgenommen wurde, zeigt im halben Abstand der (200)-Matrixreflexe die Überstruktur an.

Das Beispiel in Abbildung 51c, d befaßt sich mit der Untersuchung von kupferdotiertem CdTe, das in der Optoelektronik angewandt wird. Die Probenorientierung ist [110], und zur HREM-Abbildung konnte ein Neun-Strahlfall eingestellt werden. In der kleinen kohärenten Ausscheidung (Größe etwa 7 nm) tritt eine „Überstruktur" in [111] Richtung der Matrix auf. Diese Doppelperiode führt zu den Zusatzreflexen im optischen Beugungsbild (Abb. 51d)

[182]. Die optische Beugung ist ebenso zur Erfassung von Winkelkorrelationen in Abbildungen von defekten Kristallen geeignet. Das wird deutlich an Diffraktogrammen, die an der HREM-Aufnahme einer Korngrenze angefertigt wurden.

Abbildung 52 (s. Tafelteil) zeigt zwei Streifensysteme von Gold-(200)-Netzebenen an einer 20° [001]-Kippkorngrenze mit einer Grenzfläche des Typs {110}. Eine kristallographische Beschreibung von Grenzflächenkonfigurationen sowie die Präparation der Au-Filme und die genauen elektronenmikroskopischen Abbildungsbedingungen bei gekippter Bestrahlung werden in einer Arbeit von SCHOLZ und BETHGE [183] umfassend behandelt. Die detaillierte Interpretation der abgebildeten Korngrenze ist durch die Auswertung des optischen Beugungsdiagrammes möglich, wobei durch Anwendung des Orthogonalitäts- und Reziprozitätstheorems der Beugung (im mathematischen Sinne der Fourieranalyse) eine eindeutige Korrelation zwischen Defektstrukturabbildung und zugehörigem Beugungsdiagramm gegeben ist. Neben dem starken Primärreflex erscheinen im Diffraktogramm zwei Reflexpaare, die den um 20° verwinkelten (200) Goldnetzebenen (0,204 nm) zugeordnet werden können und senkrecht auf den Streifensystemen stehen. Durch den dunklen Kontrast der Korngrenze ergeben sich im Beugungsdiagramm zur Richtung der Grenzfläche orthogonale „Streaks", die entsprechend dem Faltungstheorem an allen Reflexen erscheinen. Die Fehlorientierungen der einzelnen Netzebenen an der Korngrenze und die „end-on"-orientierten Einzelversetzungen innerhalb der Grenzfläche, die einen Abstand von 0,83 nm aufweisen, erzeugen bei der optischen Beugung Reflexe in der Nähe des Nullstrahls, die durch die „Streaks" stark verwischt werden.

Wie aus den Abschnitten 5.2.2. und 5.2.3. hervorgeht, kann durch eine Fourieranalyse der Abbildung, sehr leicht zwischen amorphen und kristallinen Probenbereichen unterschieden werden. Diese Möglichkeit wird bei der folgenden Untersuchung ausgenutzt. Kristalline Siliciumproben der Orientierung (110) mit einer Dicke von 10 nm wurden im HEM bestrahlt (Abb. 53), wobei eine Schädigung der Kristalle eintrat. Die Hochauflösungsabbildung dieser Probenbereiche zeigte, daß die ideale Gitterstruktur abrupt am Rande der bei der Bestrahlung entstehenden Defekte endet und innerhalb eines etwa 7 nm großen Bereiches ein granularer Kontrast, der für amorphe Strukturen typisch ist, auftritt [184]. Durch eine Serie von optischen Beugungsdiagrammen, bei welcher der Durchmesser der Bereichsblende verkleinert wurde, konnte nachgewiesen werden, daß im Defekt keinerlei Periodizitäten auftreten (die nicht notwendig mit bloßem Auge sichtbar sein müssen). Abbildung 53b veranschaulicht einen Zwischenschritt, wobei sowohl der amorphe als auch der kristalline Probenbereich zum Beugungsdiagramm beitragen.

Die zuletzt behandelten Kristalldefekt-Abbildungen sind für eine Modellierung des Bildkontrastes nach den im Kapitel 3. behandelten Verfahren ungeeignet, da ein atomistisches Modell so ausgedehnter Kristallbereiche sehr aufwendig ist und die Kontrastsimulation sehr viel Rechenzeit benötigt. Die behandelten Beispiele verdeutlichen jedoch anschaulich, daß die optische Diffraktometrie in vielen praktischen Fällen zur Analyse der HREM-Abbildung gestörter Kristallstrukturen eingesetzt werden kann.

6. Schlußbemerkungen

In den letzten Jahren hat der Einsatz elektronenmikroskopischer Untersuchungsmethoden – verbunden mit einer starken Ausweitung der Anwendungsgebiete – insbesondere in der Festkörperphysik und Werkstofforschung stark zugenommen. Einerseits hat die elektronenmikroskopische Gerätetechnik einen Stand erreicht, der die Abbildung von Strukturdetails atomarer bzw. molekularer Größenordnungen ermöglicht. Zum anderen sind die grundlegenden Prozesse bei der Entstehung des Bildkontrastes (elektronenoptischer Abbildungsvorgang, Wechselwirkungsprozeß Elektronenstrahl–Probe) soweit bekannt, daß sie in geeigneter Weise theoretisch beschreibbar sind.

Diese beiden – in ihrer Weiterentwicklung sich bedingenden Faktoren – führten zu dem in dieser Abhandlung aufgezeigten Stand der Hochauflösungs-Elektronenmikroskopie, die sich sowohl hinsichtlich der experimentellen als auch theoretischen Grundlagen zu einem eigenständigen Teilgebiet der Elektronenmikroskopie entwickelt hat.

Die direkte Erfassung der Gitterstruktur kristalliner Körper begann mit der erstmals von MENTER am Beispiel des Kupferphthalocyanins erzielten Netzebenenabbildung [185]. Die direkten Zusammenhänge zwischen beobachteter Streifenstruktur und der projizierten Kristallgeometrie wurden von ALLPRESS et al. an Gitterabbildungen von komplexen Oxiden aufgezeigt [186]. Die ersten Abbildungen von einzelnen Atomreihen erzielte IIJIMA bei der Untersuchung des komplexen Oxids $Ti_2Nb_{10}O_{29}$ [187]. Mit Hilfe der Höchstspannungs-Hochauflösungs-Elektronenmikroskopie, bei der die „interpretierbare Auflösung" 0,1 – 0,2 nm erreicht, werden sogar einzelne Atomreihen entlang niedrig indizierter Zonenachsen in dicht-gepackten Metallen abbildbar [3].

Insbesondere wegen der Möglichkeit der direkten Abbildung struktureller Details im atomaren Bereich ist die Hochauflösungs-Elektronenmikroskopie ein wichtiges Festkörperanalyseverfahren zur Aufklärung von Struktur-Eigenschafts-Beziehungen. Eine wesentliche Aufgabe der vorliegenden Abhandlung war es, die derzeitigen Möglichkeiten des Einsatzes der Hochauflösungs-Elektronenmikroskopie – im Zusammenhang mit einer theoretisch fundierten Interpretation der Aufnahmen – in der festkörperphysikalischen Forschung aufzuzeigen.

Zur korrekten Auswertung von HREM-Abbildungen ist, wie anhand der vielen Anwendungsbeispiele gezeigt wurde, die Entwicklung und der Einsatz von Verfahren der Bildmodellierung und der Bildverarbeitung erforderlich. Die Bildmodellierung simuliert den Wechselwirkungsprozeß Elektronenstrahl–Probe durch Computerprogrammsysteme in kinematischer oder dynamischer Näherung (Dispersionsflächen-Gleichung, HOWIE-WHELAN-System, „multi-slice"-Algorithmus) und berücksichtigt den realen Abbildungsvorgang durch Kontrastübertragungs-

und Aperturfunktionen. Die Bildauswertung von HREM-Aufnahmen mit Hilfe eines optischen Diffraktometers erlaubt die Untersuchung der Abbildungsbedingungen und Bildfehler, die Auswertung von Vielstrahlabbildungen kristalliner Proben sowie die Interpretation von Abbildungen gestörter Kristalle. Für spezielle Probleme der Bildanalyse und Bildverbesserung werden digitale Bildverarbeitungsverfahren eingesetzt.

Eine wohl wesentliche Erweiterung sowohl hinsichtlich der Aufzeichnung als auch der Gewinnung der in der elektronenmikroskopischen Abbildung enthaltenen Informationen ist durch eine direkte Kopplung des Elektronenmikroskops mit einem Bildverarbeitungssystem zu erzielen (on-line Verarbeitung) [156]. Das Fernziel dabei ist es, als Ergebnis der on-line Bildverarbeitung, rückwirkend den Mikroskopbetrieb automatisch zu steuern. Dadurch werden subjektive Fehlerquellen verringert und der jeweilige Operator bei der Bedienung des Gerätes entlastet; er kann sich verstärkt auf die Beobachtung der Objektstruktur konzentrieren. Zum anderen lassen sich bei einer on-line Verarbeitung dynamische Prozesse (z. B. Bewegung von Kristalliten, Bildungsmechanismen von Kristallbaufehlern, Kristallwachstumsvorgänge) im Elektronenmikroskop untersuchen, aufzeichnen und auswerten.

Als reines Abbildungsverfahren liefern die verschiedenen Techniken der HREM nur indirekt Aussagen über die chemische Zusammensetzung der Proben. Mit einer zusätzlichen Ausstattung der HREM-Geräte (auf Rasterbasis) mit EDS- oder EELS-Spektrometern eröffnen sich Möglichkeiten einer quantitativen chemischen Analyse im atomaren Bereich.

Die HREM entwickelt sich trotz der hohen gerätetechnischen Anforderungen und des beträchtlichen Aufwandes bei der Interpretation zu einem Routineverfahren in der Festkörperphysik. Besonders in der Werkstofforschung sind bei der Aufklärung des Zusammenhanges zwischen Realstruktur und makroskopischen Eigenschaften der Festkörper neue Impulse zu erwarten.

7. Anhang

Computerprogrammverzeichnis

In der folgenden Zusammenstellung werden die zur Bildsimulation bzw. Bildauswertung entwickelten und angewandten Computerprogramme kurz charakterisiert. Die verwendeten symbolischen Namen fassen teilweise mehrere Unterprogramme zusammen bzw. können in den einzelnen Programmsystemen leicht modifiziert sein.

APDEFO

Berücksichtigung des Einflusses von Apertur, Defokussierung, sphärischer Aberration und Fokustiefe auf den Abbildungsprozeß durch Multiplikation mit der Kontrastübertragungsfunktion nach Gleichung (3.4) bzw. (3.6).

BETA

Berechnung der Verschiebungsfeldableitung $2\pi\partial(\vec{g}\,\vec{u})/\partial z$ für die vorliegenden Kristalldefekte.

BLCH

Aufbereitung der linearisierten Eigenwertgleichungen (3.14).

COLL

Aufbereitung der quadratischen Eigenwertgleichungen (3.13).

CRYST

Berechnung der Strukturamplituden des Kristallpotentials aus den Atomstreuamplituden bei Berücksichtigung der kristallographischen und geometrischen Substanzparameter.

DEFECT

Programmsystem zum „multi-slice" Algorithmus von SKARNULIS [114].

DISP

Berechnung der Wellenfunktion bzw. der Intensität von perfekten Kristallen bei gegebenen Eigenwerten und Eigenvektoren der Streumatrix.

DISPA

Zweig von DISP zur graphischen Darstellung von Dispersionsflächen, d. h. Veranschaulichung von Real- und Imaginärteil der Eigenwerte als Funktion des Abweichungsparameters bzw. der Einstrahlrichtung.

DISPB

Zweig von DISP zur graphischen Darstellung von Intensitätsprofilen ausgewählter Reflexe als Funktion der Kristalldicke

DRUCK

Darstellung berechneter Beugungskontrastabbildungen in Form von Halbtonbildern

EIGW

Berechnung sämtlicher Eigenwerte und Eigenvektoren einer beliebigen komplexen Matrix durch den LR-Algorithmus bei vorheriger HESSENBERG-Transformation und Berücksichtigung der Matrixbilanzierung

FCOEFF

Programm von SKARNULIS [114] zur Berechnung der Strukturamplituden des Kristallpotentials

FFT

Ausführung der schnellen zweidimensionalen Fourier-Transformation nach dem COOLEY–TUKEY Algorithmus

FILT

Programm zur Generierung von Raumfrequenzfiltern aus Sektor-, Bandpaß- und Einzelfrequenzmasken und Verknüpfung mit dem Frequenzspektrum

FK, FN

Unterprogramme zur Ermittlung der Differentialgleichungen für verschiedene Näherungen

GRAPH

Darstellung berechneter HREM-Abbildungen in Form von Halbtonbildern

HBER

Steuerung des Integrationszyklus bei der Beugungskontrastberechnung durch Berücksichtigung der Grenzbedingungen und Anpassung der Schrittweite für jeden Integrationsschritt

HOWHES

Programmsystem zur Simulation des Beugungskonstrastes mit den HOWIE–WHELANschen Differentialgleichungen

HRITBC

Phasenrichtige Superposition von Hellfeld- und Dunkelfeldamplituden und anschließende Fourieranalyse

INPUT

Erzeugung der Matrix einer Objektfunktion aus digitalisierten Intensitäten einer Bildvorlage oder einer analytisch gegebenen Modellfunktion

MAT

Anwendung lokaler Matrixfilter (Faltung) auf Objektfunktionen

MERSON

RUNGE–KUTTA Integrationsprozedur nach dem Verfahren von MERSON

NBIFI

Erzeugung des diskreten Amplitudenfeldes zur Anwendung der schnellen Fouriersynthese bei gegebenen komplexen Amplitudenwerten der Wellenfunktion zur vorliegenden Kristalldicke

NORM

Normierung der Eigenvektoren und Test ihrer Orthogonalität sowie Inversion der Eigenvektormatrix zur Erfüllung der Grenzbedingungen entsprechend den Gleichungen (3.16) bis (3.19)

OPTDEF

Programm zur Berechnung des aberrationsfreien Fokus bei Vorgabe aller weiteren Geräteparameter und einem Satz von Reflexen des abzubildenden Kristallgitters

ORDINT

Unterprogramm zur linearen Interpolation von Betrag und Phase für die Amplitudenwerte zwischen berechneten Bildpunkten

PHAGRA

Berechnung der Transmissionsfunktion des zweidimensionalen Phasengitters nach Gleichung (3.30)

PLOT

Darstellung von Linienprofilen, d. h. von berechneten Beugungskontrastintensitäten als Funktion des lateralen Abstandes vom Ort des Kristalldefektes

RFT

Aufbereitung berechneter Beugungskontrastamplituden mit anschließender Fourieranalyse

SIM

Unterprogramm zur linearen Interpolation der Intensität zwischen berechneten Bildpunkten

SODIF

Programmsystem zur Simulation der optischen Beugung, Abbildung und Filterung

THALEN

Vorausberechnung der Matrizen für das Matrizenmultiplikationsverfahren

THOLEN

Integrationsprozedur für die Anwendung der Zwei-Schritt-Matrizenmultiplikation

TISIID

Berechnung der Untergrundintensität des Beugungskontrastbildes

UPV

Unterprogramm zur Berechnung der Kristalldefektgeometrie bei der Simulation des Beugungskontrastes

8. Abkürzungsverzeichnis

AFF	Aberration Free Focus
CCD	Charge Coupled Device
CIPRES	Computer Image Processing and Reconstruction System
CTEM	Conventional Transmission Electron Microscopy
CTF	Contrast Transfer Function
DLTS	Deep Level Transient Spectroscopy
EDS	Energiedispersive Röntgenstrahl-Spektroskopie
EELS	Electron Energy Loss Spectroscopy
EM	Elektronenmikroskop(ie)
FEAG	Film-Ein/Ausgabegerät
GP	Guinier-Preston
HEM	Höchstspannungs-Elektronenmikroskop(ie)
HREM	High Resolution Electron Microscop(y)
IMAGIC	Image Analysis In the Computer
IMPROC	Image Processing (Language) Programme System
IPU	Image Processing Utility
MDPP	Micrograph Data Processing Programme
MIPS	Million Instructions per Second
NMR	Nuclear Magnetic Resonance
PCD	Projected Charge Density
PIXELS	Picture Elements
PO	Phase Object
SNAP	Statistically Noisy Averaged Pictures
SPIDER	System for Processing of Image Data in Electron Microscopy and Related Fields
SSPDA	Self-Scanned Photo-Diode Array
STEM	Scanning Transmission Electron Microscopy
UHV	Ultrahochvakuum
WPO	Weak Phase Objekt
YAG	Yttrium-Aluminium-Granat

9. Abbildungsverzeichnis

10. Tabellenverzeichnis

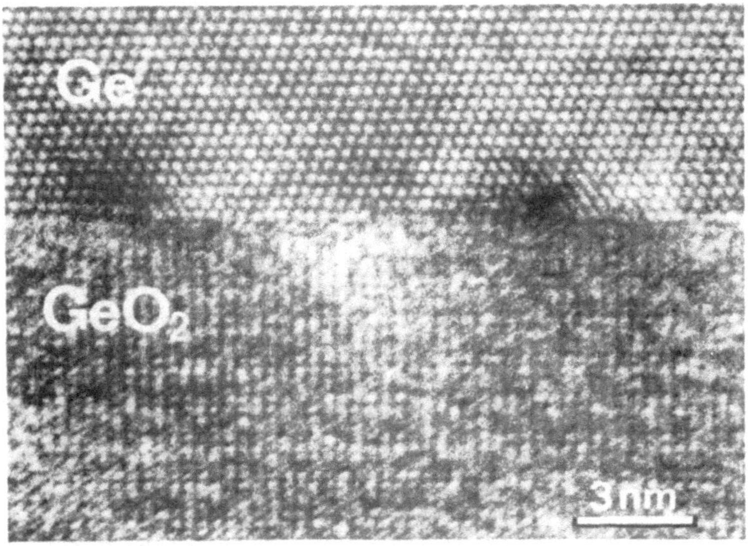

Abb. 2: Hochauflösungsaufnahme der Grenzfläche zwischen Ge und GeO_2. (Ge-Kristall ⟨110⟩ orientiert)

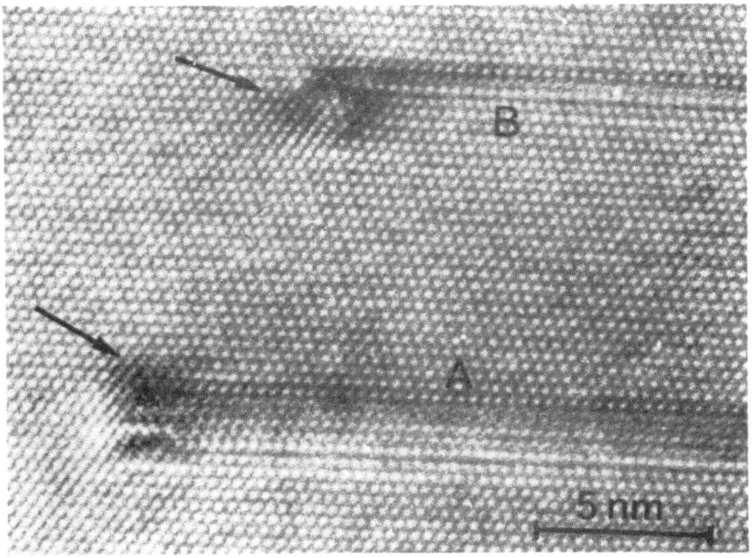

Abb. 4: Hochauflösungsabbildung (Vielstrahlfall) eines (110) orientierten Si-Kristalls mit einem Mikrozwilling (A) und einem Stapelfehler (B)

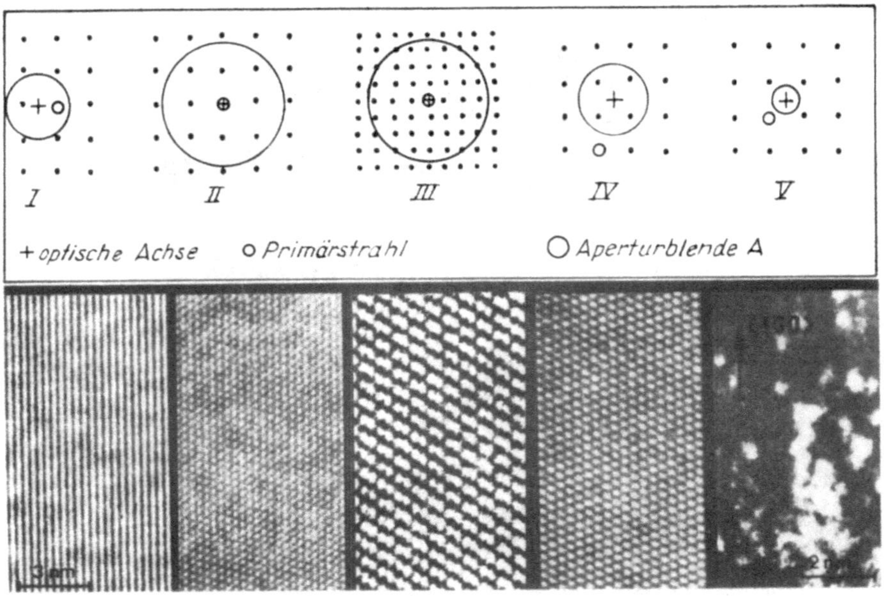

Abb. 5: Abbildungstechniken in der Hochauflösungs-Elektronenmikroskopie

a) Anordnung der Aperturblende in der Beugungsebene (+ opt. Achse, ○ Primärstrahl)

b) experimentelle Hochauflösungsaufnahmen von (110)-Silicium

I — Netzebenenabbildung ($d_{111} \approx 0{,}3$ nm)
II — Vielstrahlabbildung (7-Strahlfall)
III — „Strukturabbildung" (25-Strahlfall)
IV — gekippte 3-Strahl-Dunkelfeldabbildung
V — Dunkelfeldabbildung zur Sichtbarmachung von Zwischengitteratomen

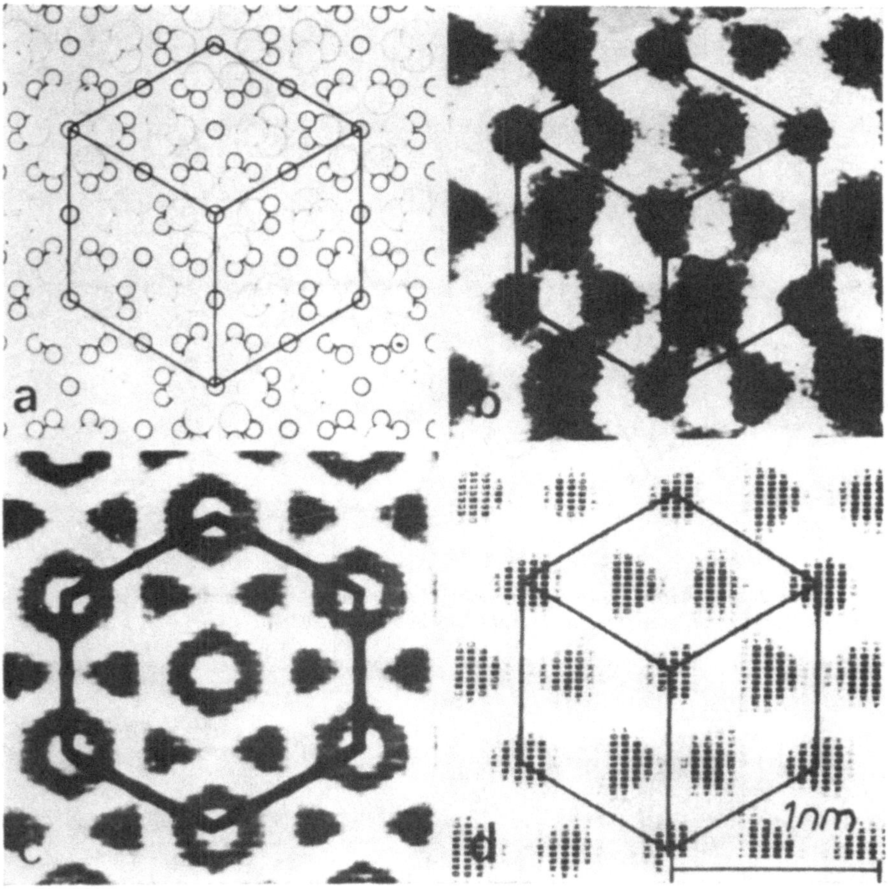

Abb. 14: Vielstrahlabbildung von Y–Al-Granat.

a) computergezeichnete (111)-Atomprojektion der Y- und Al-Atome

b) experimentelle HREM-Abbildung

c) Kontrastberechnung nach der „PCD“-Methode

d) Bildkontrast bei kinematischer Näherung

Parameter: $V = 100$ kV, $c_s = 1{,}4$ mm, $\Delta = 80$ nm, $\alpha = 0{,}01$

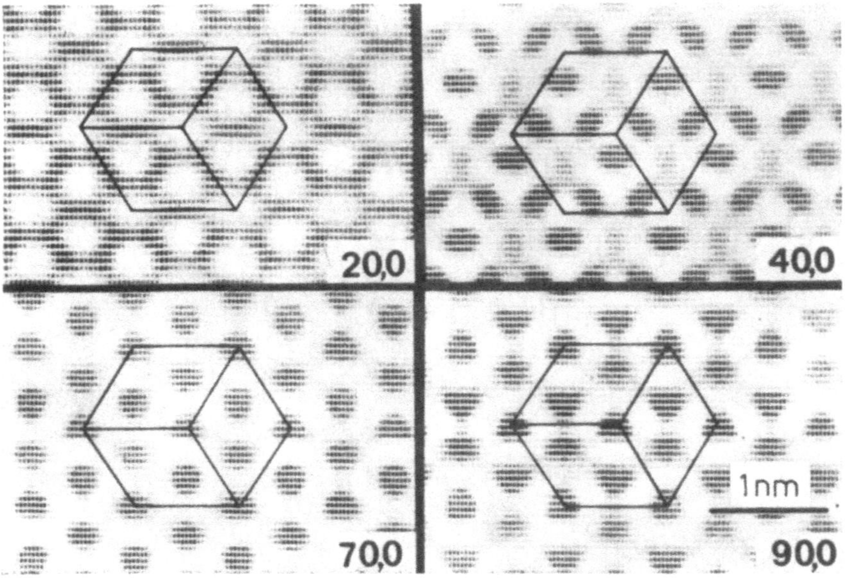

Abb. 15: Computersimulierte Fokussierungsserie für Y–Al-Granat (111) (kinematische Näherung)
Parameter: $V = 100$ kV, $c_s = 1{,}4$ mm, $\alpha = 0{,}01$, $\Delta = 20$ nm ... 90 nm

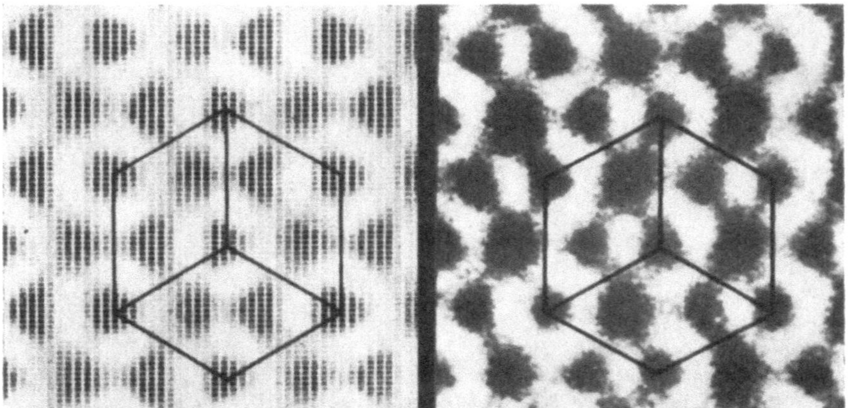

Abb. 16: Vergleich einer simulierten (a)- und einer experimentellen (b) HREM-Abbildung von Y–Al-Granat (111)
Parameter: $V = 100$ kV, $c_s = 1{,}4$ mm, $\alpha = 0{,}01$, $\Delta = 90$ nm

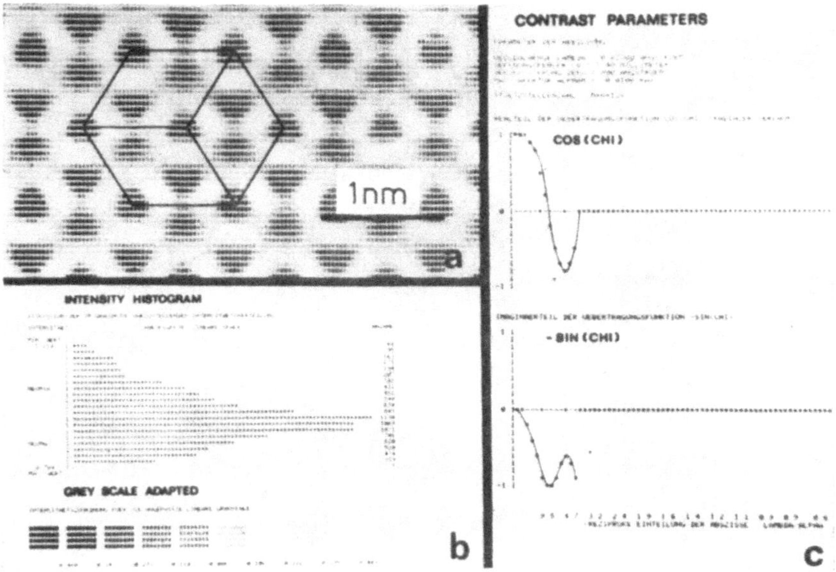

Abb. 17: Computerprotokoll zum Programm SODIF.
a) simulierte Abbildung (Y–Al-Granat) *b) Intensitätshistogramm und angepaßte Grauskale*
c) Parameter der Kontrastübertragung

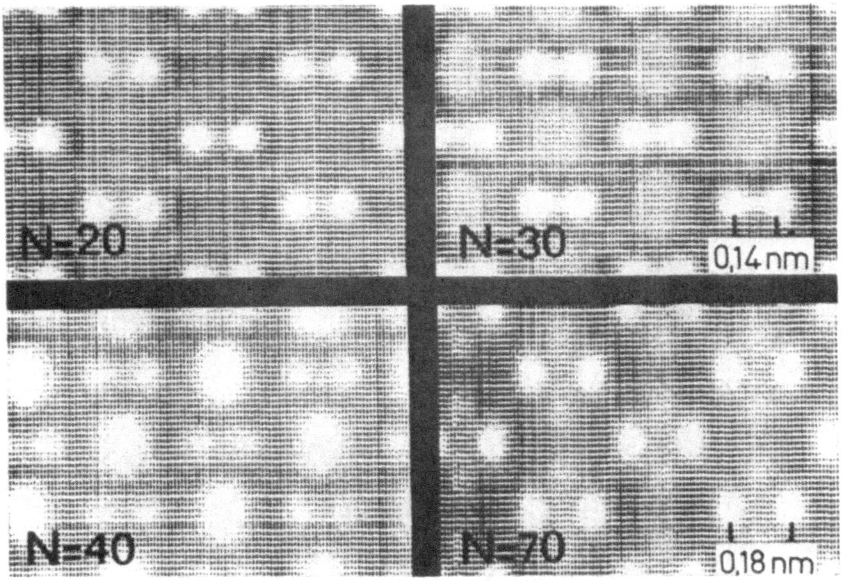

Abb. 20: „Multi-slice" Berechnungen zur HREM-Abbildung von Si(110).
Dickenabhängigkeit des Bildkontrastes ($t = N \cdot \Delta z$, $\Delta z = 0{,}38$ nm), $V = 100$ kV, $c_s = 0{,}7$ mm, $\Delta = -8{,}7$ nm (AFF), $\alpha = 0{,}028$ (15 Strahlen), $\delta f = 1$ nm

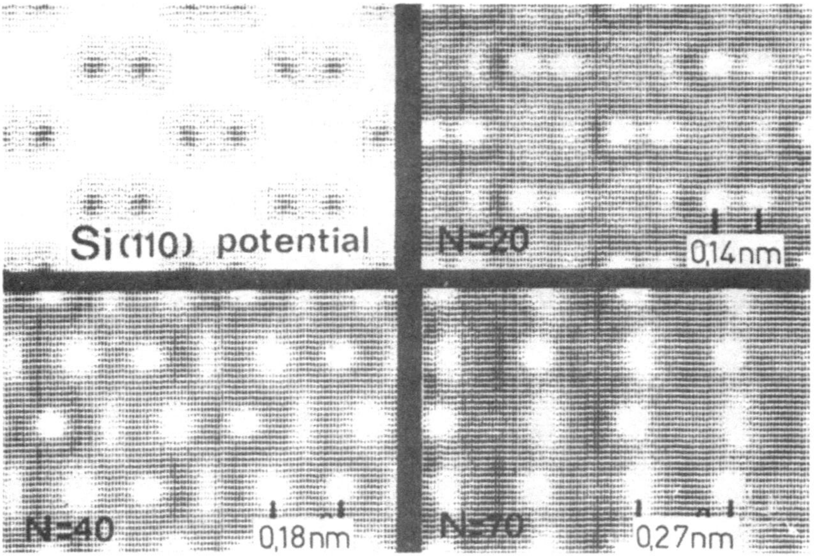

Abb. 21: „Multi-slice" Berechnungen zur HREM-Abbildung von Si(110), Dickenabhängigkeit des Bildkontrastes, (002)-Reflex in Bragg-Lage ($t = N \cdot \Delta z$, $\Delta z = 0{,}38$ nm), $V = 100$ kV, $c_s = 0{,}7$ mm, $\Delta = 50$ nm, $\delta f = 1$ nm, $\alpha = 0{,}028$ (15 Strahlen)

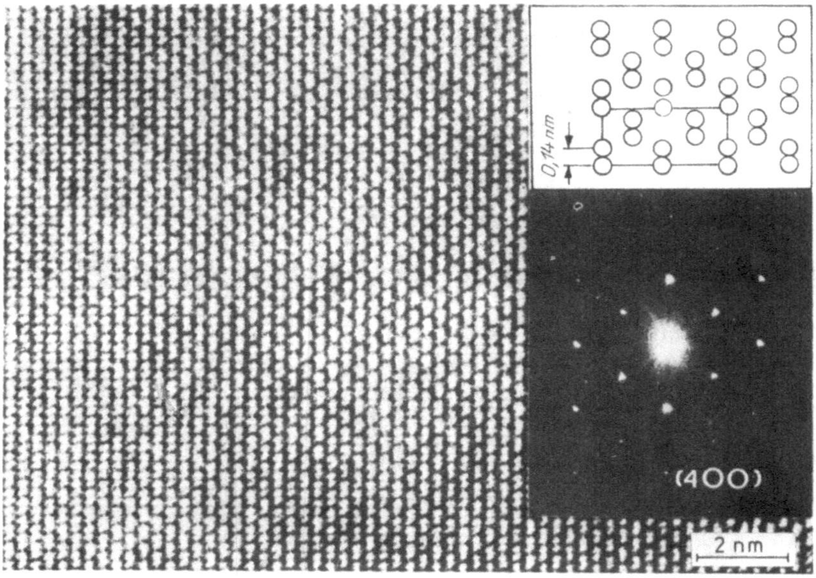

Abb. 22: HREM-Vielstrahlabbildung von (110)-orientiertem Silicium ($V = 100$ kV, $c_s = 1{,}4$ mm). Bildeinlage: (110)-Elementarmasche und optisches Beugungsdiagramm

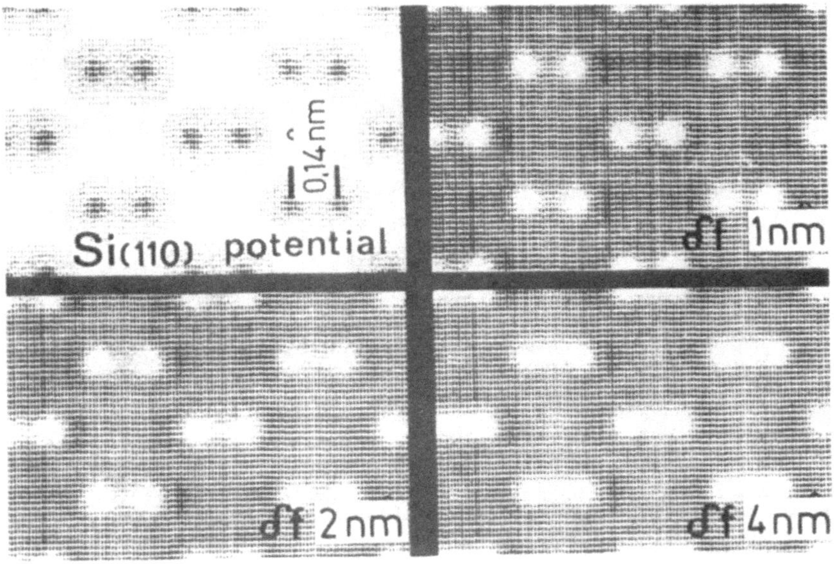

Abb. 23: „Multi-slice" Berechnungen zur HREM-Abbildung von Si (110); Einfluß der Fokustiefe (δf) auf die Auflösung. Probendicke $t = 8$ nm; $V = 100$ kV, $c_s = 0{,}7$ mm, $\Delta = -8{,}7$ nm (AFF), $\alpha = 0{,}028$ (15 Strahlen)

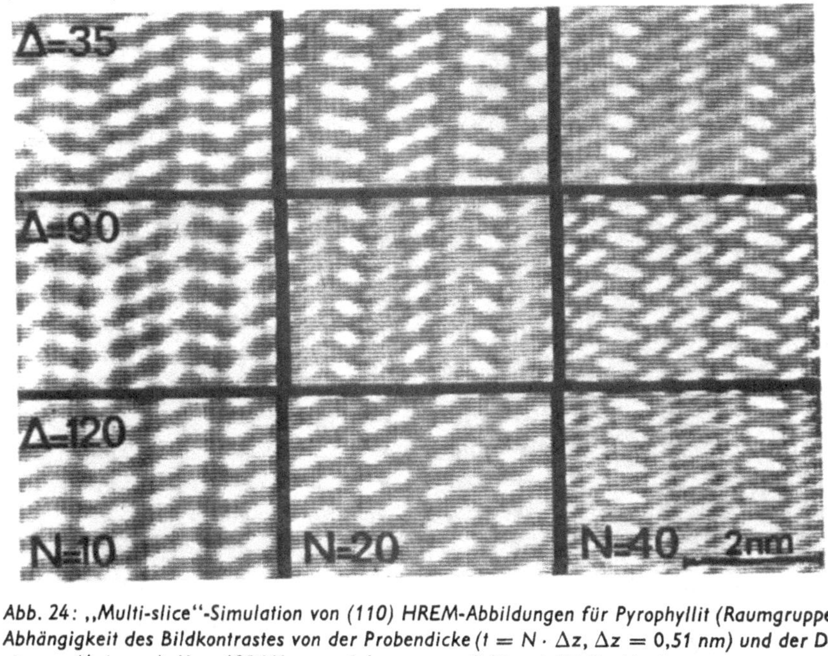

Abb. 24: „Multi-slice"-Simulation von (110) HREM-Abbildungen für Pyrophyllit (Raumgruppe C2/c). Abhängigkeit des Bildkontrastes von der Probendicke ($t = N \cdot \Delta z$, $\Delta z = 0{,}51$ nm) und der Defokussierung (Δ in nm). $V = 100$ kV, $c_s = 1{,}4$ mm, $\alpha = 0{,}01$ rad (15 Strahlen)

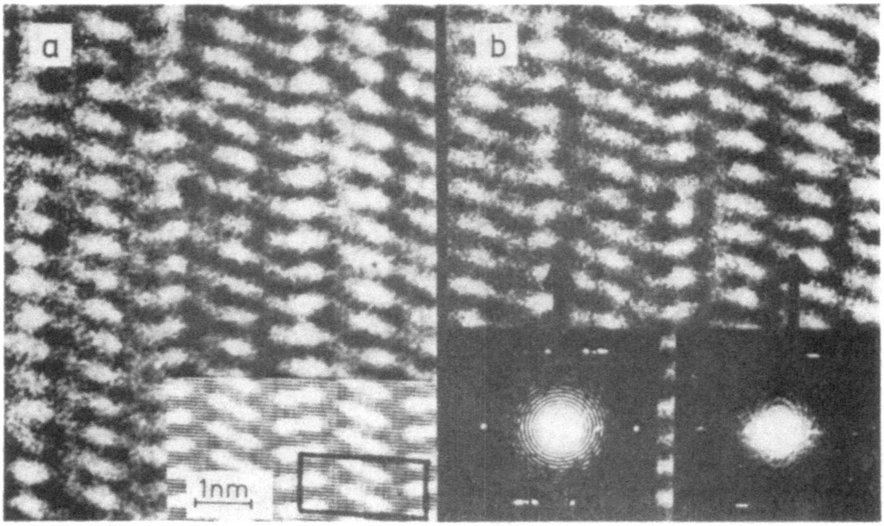

Abb. 25: 15-Strahlabbildungen von (110)-orientiertem Pyrophyllit.
a) $2M_1$-polytype Modifikation (Einlage: simulierte Abbildung)
b) Störung der $2M_1$-Stapelfolge (Einlage: optische Beugungsbilder)

Abb. 26: Abhängigkeit des Hellfeld-Bildkontrasts von der Defokussierung Δ am Beispiel eines hexagonalen Versetzungsrings (d — mittlerer Ringdurchmesser). Parameter: $\vec{g} \cdot \vec{b} = 2$, $\vec{e} = [110]$, $\vec{n} = [11\bar{1}]$; $V = 100$ kV, $c_s = 5{,}1$ mm

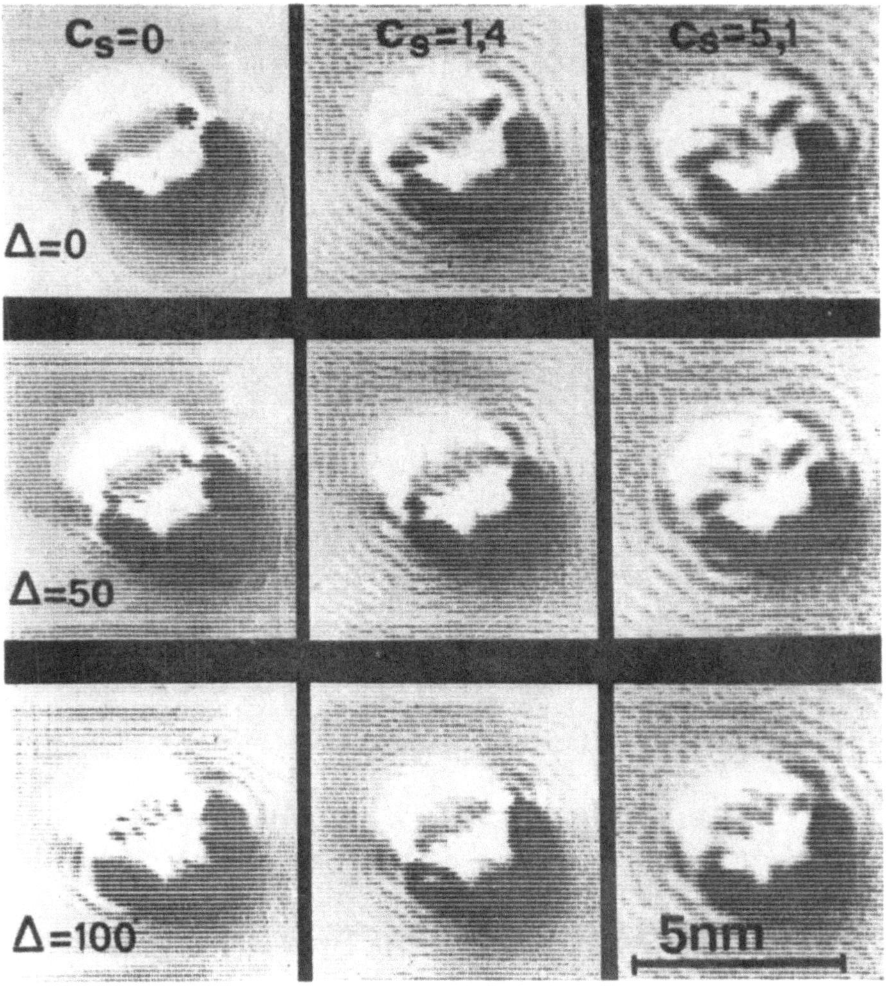

Abb. 27: Hellfeldabbildungen eines hexagonalen Versetzungsrings mit: $\vec{g} \cdot \vec{b} = 2/3$, $\vec{n} = [11\bar{1}]$
$\vec{e} = [110]$; $t = 2\xi g = 24$ nm.
Abbildungsparameter: $V = 100$ kV, $\Delta = 0, 50, 100$ nm; $c_s = 0, 1{,}4, 5{,}1$ mm

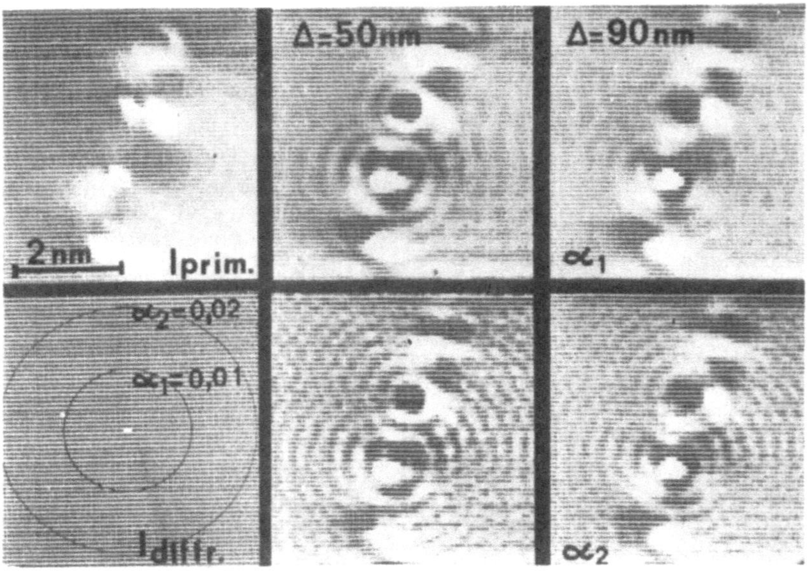

Abb. 28: Einfluß der Defokussierung Δ und des Aperturwinkels α auf den Hellfeld-Kontrast einer Korngrenze. Parameter: $\vec{g} = (020)$, $\vec{e} = [001]$, $\vec{r} = [\bar{1}30]$; $V = 100$ kV, $c_s = 1{,}4$ mm (durchstoßende Versetzungen durch Gitterdrehung modelliert)

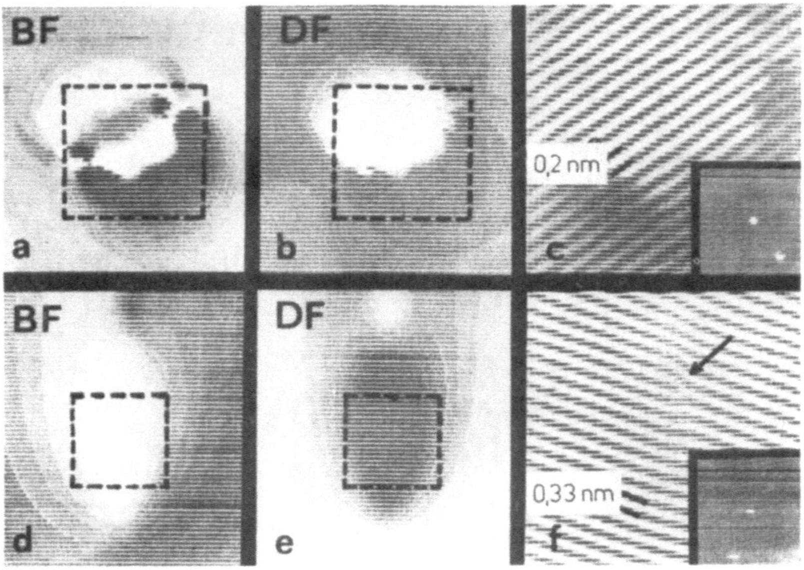

Abb. 29: Hellfeld-(BF), Dunkelfeld-(DF) und Netzebenen-Abbildung.
a)—c) hexagonaler Versetzungsring in Au: $\vec{g} = (002)$, $\vec{g} \cdot \vec{b} = 2/3$; d)—f) Schraubenversetzung in Ge: $\vec{g} = (111)$, $\vec{g} \cdot \vec{b} = 1$ (Einlage: berechnete Beugungsdiagramme)

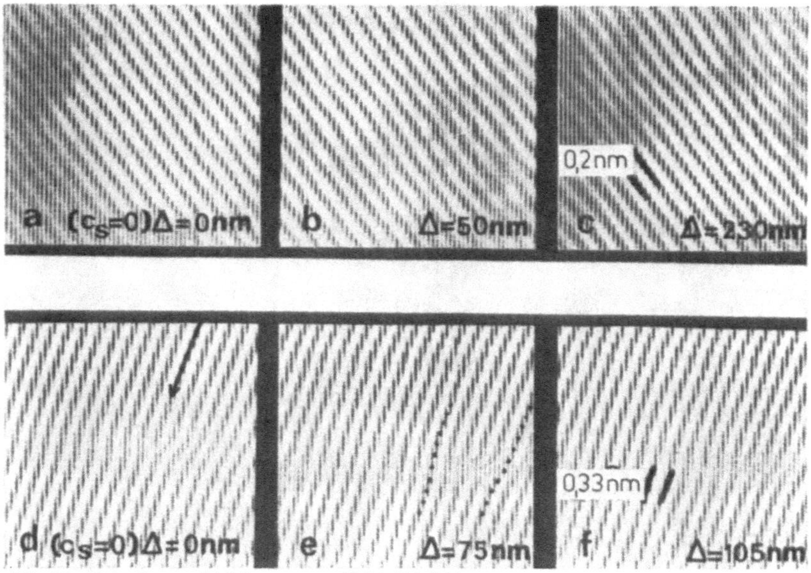

Abb. 30: Netzebenenabbildungen von Kristalldefekten.
a)—c) hexagonaler Versetzungsring in Au: $\vec{g} = (002)$, $\vec{g} \cdot \vec{b} = 2/3$; d)—f) Schraubenversetzung in Ge: $\vec{g} = (111)$, $\vec{g} \cdot \vec{b} = 1$. Abbildungsparameter: $V = 100$ kV, $c_s = 1{,}4$ mm, $\alpha \approx 0{,}02$ rad

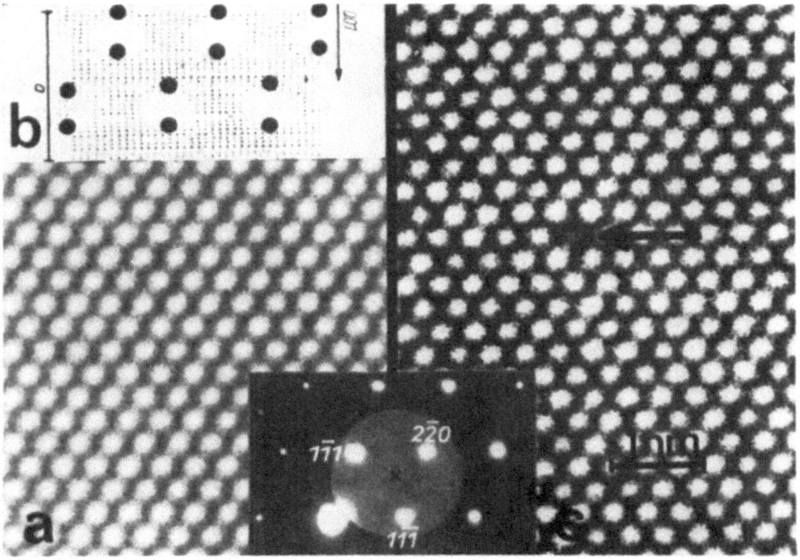

Abb. 31: Dunkelfeldabbildungen von (110) Silicium ($t \approx 4$ nm).
a) ungestörter Probenbereich
b) projiziertes Potential
c) Kristalldefekt (Gitterleerstelle) nach 1 MeV-Bestrahlung (Einlage: Elektronenbeugungsdiagramm)

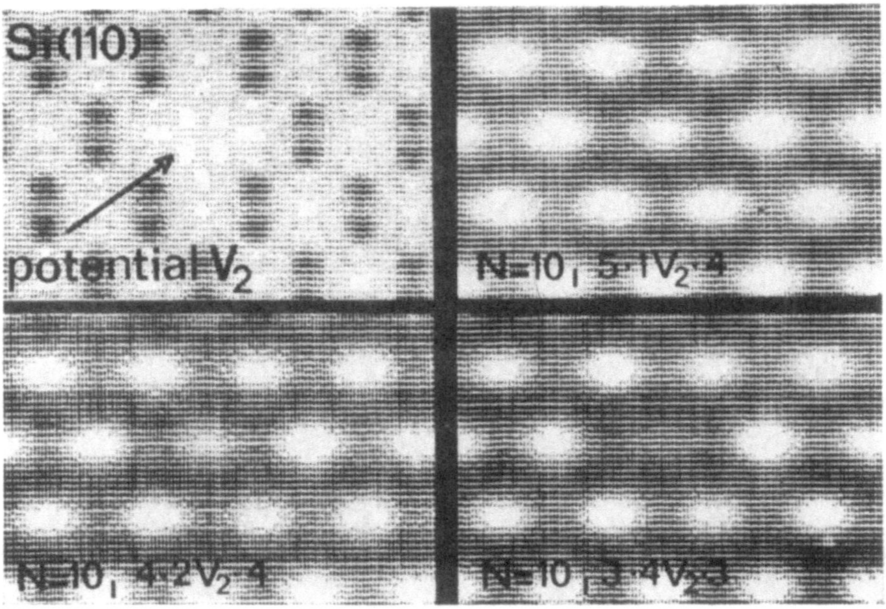

Abb. 32: Simulierte Si(110)-Dunkelfeldabbildungen für Doppelleerstellen V_2. (Gekippter Dreistrahl-Fall, Schichtfolge: $n_1 \cdot n_2V_2 \cdot n_3$, Probendicke: $t = N \cdot \Delta z$, $\Delta z = 0{,}38$ nm) $V = 100$ kV

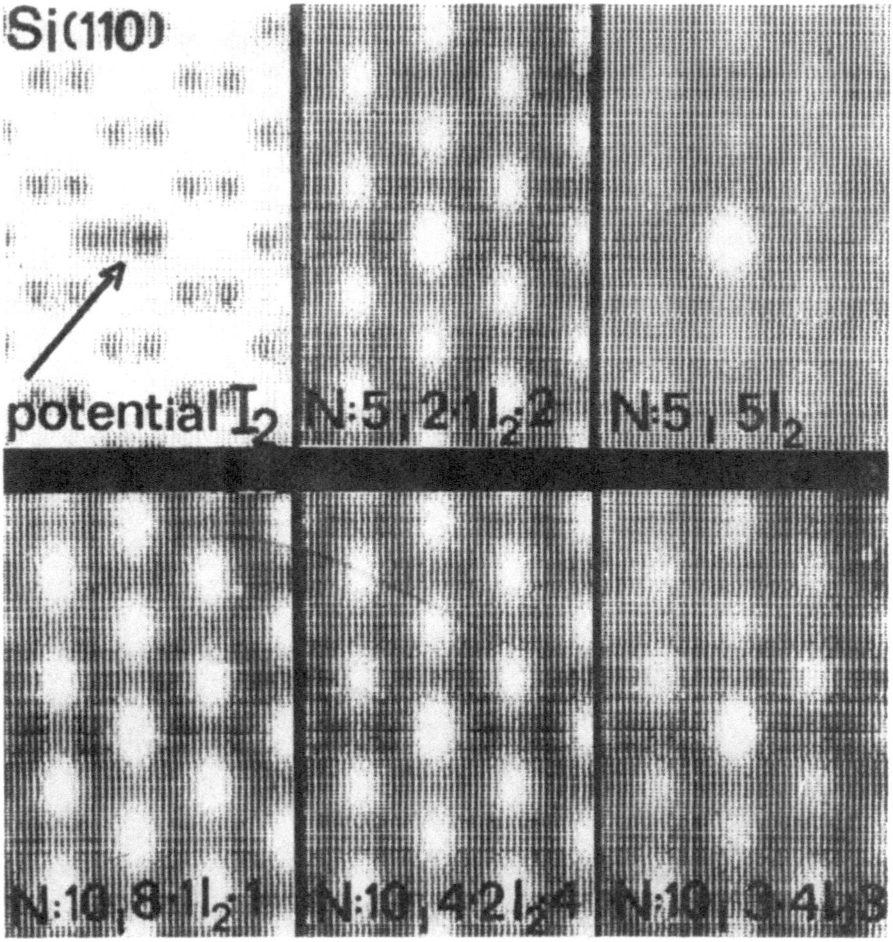

Abb. 33: Simulierte Si (110)-Dunkelfeldabbildungen für Zwischengitteratome ([100] split di-interstitial I_2).
(Gekippter Dreistrahl-Fall, Schichtfolge: $n_1 \cdot n_2 I_2 \cdot n_3$, Probendicke: $t = N \cdot \Delta z$, $\Delta z = 0{,}38$ nm)
$V = 100$ kV

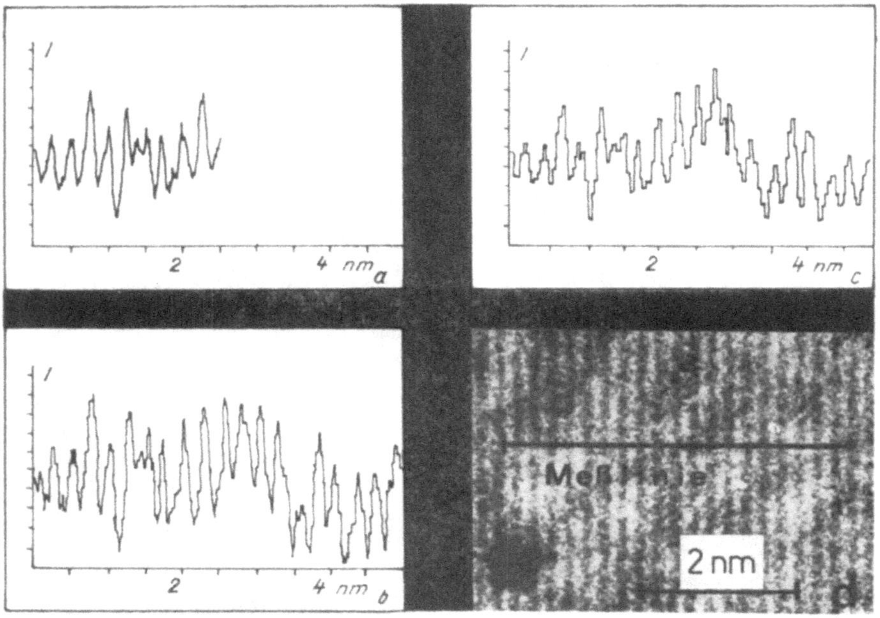

Abb. 35: Digitalisierung von (200)-Netzebenen in Cu (d = 0,196 nm), V = 500 000. Meßflächendurchmesser = 16 μm, Meßpunktabstände (MA): a) 4 μm, b) 8 μm, c) 16 μm

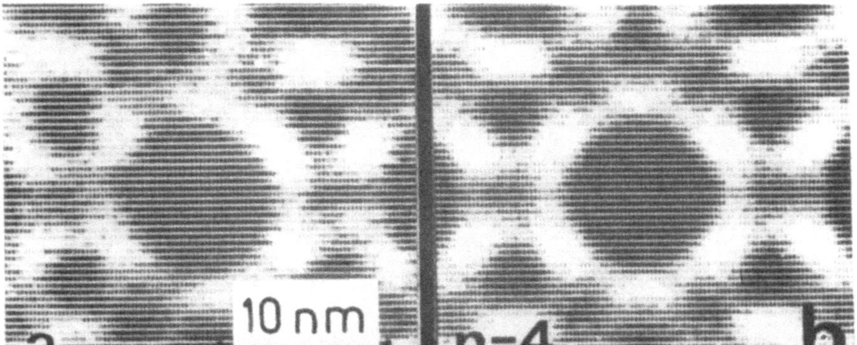

Abb. 36: Bildakkumulation am Beispiel des Enzyms LAP
a) digitalisiertes Bild
b) Rauschunterdrückung durch Vierfachakkumulation

Abb. 38: Digitale Filterung von (200)-Netzebenen in Gold (d = 0,204 nm)
a) experimentelle Abbildung
b) berechnetes Beugungsbild
c) Bandpaßfilterung mittels lokaler Matrixoperationen
d) Fourierfilterung (siehe Maske im Beugungsbild)

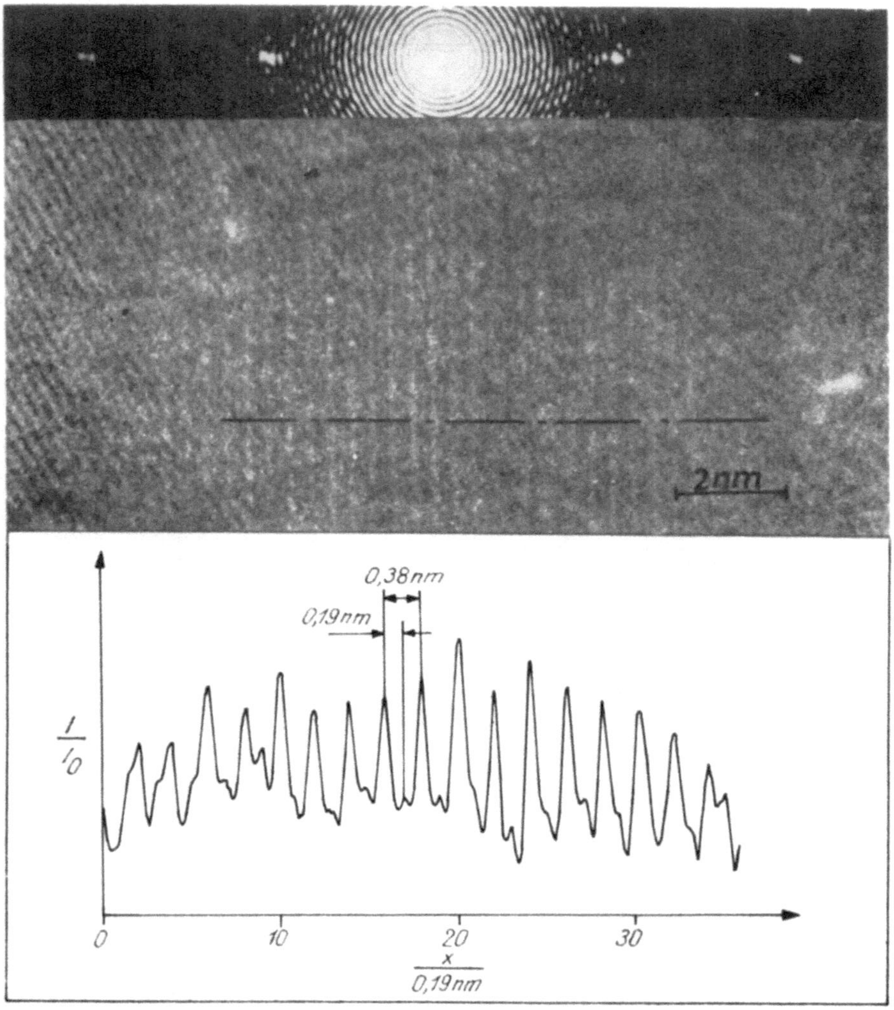

Abb. 39: Auswertung der Netzebenenabbildung eines 12 nm großen teilkohärenten Teilchens in einer Kupferlegierung (Ausschnitt — Bildmitte)
oben: optisches Beugungsbild
unten: Photometerkurve entlang der markierten Linie

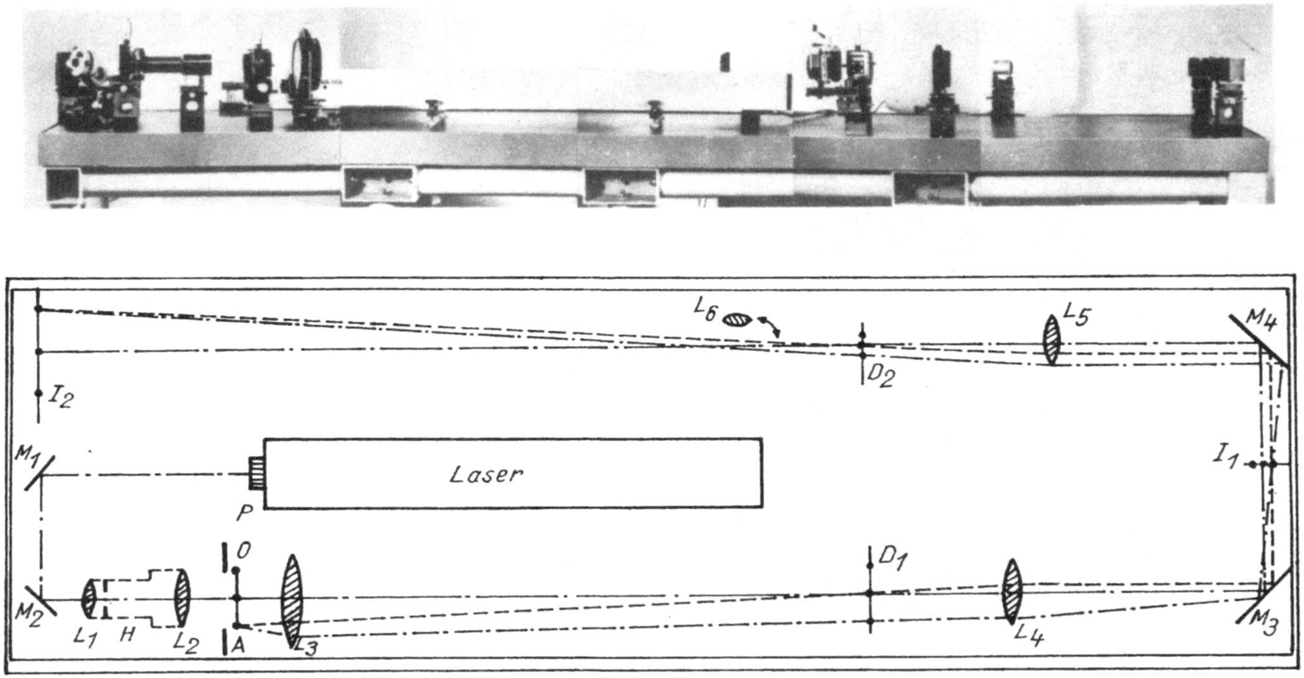

Abb. 44: Optische Beugungsanlage des IFE Halle.
Strahlengang und Zuordnung der einzelnen Funktionsgruppen des Diffraktometers (Photomontage)

Abb. 45: Gesamtansicht des optischen Diffraktometers

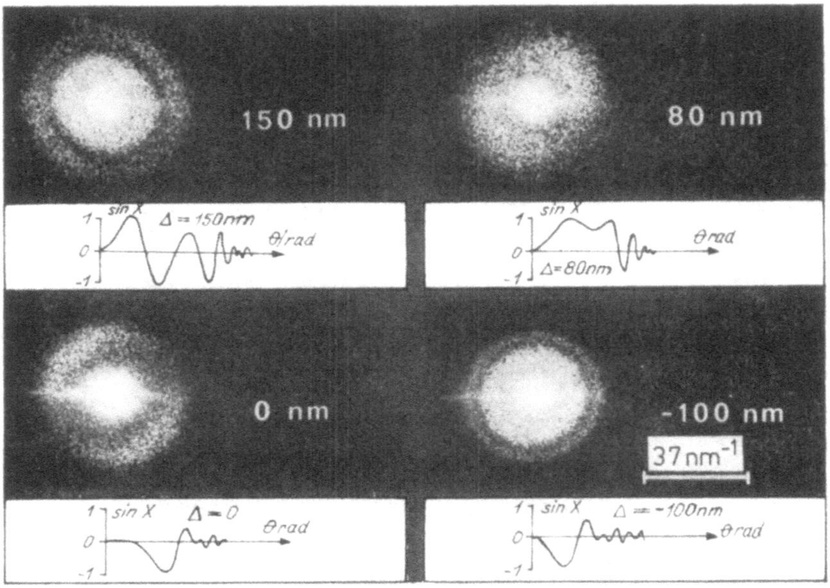

Abb. 46: Optische Beugungsbilder einer elektronenmikroskopischen Defokussierungsserie einer Kohlenstoff-Folie: $V = 100$ kV, $c_s = 1{,}4$ mm (zum Vergleich sind die Kontrastübertragungsfunktionen angegeben)

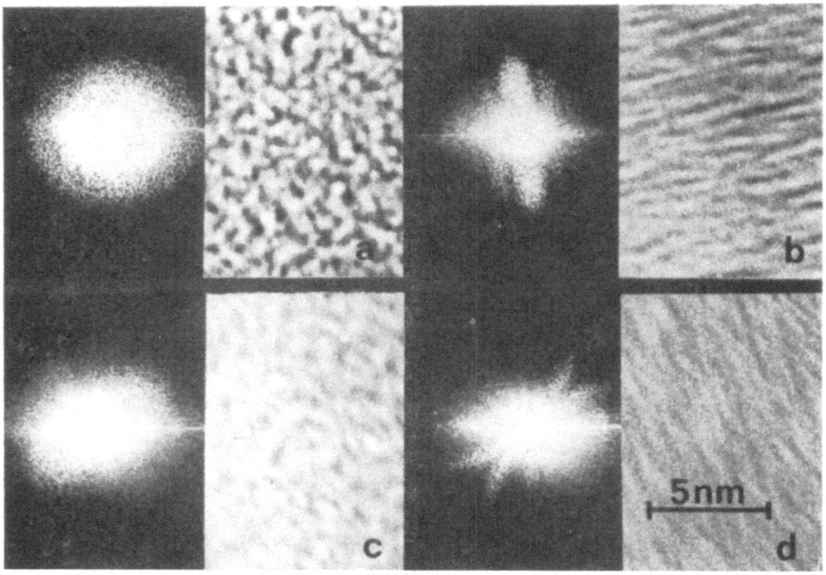

Abb. 47: Optische Beugungsbilder von HREM-Aufnahmen
a) perfekte axiale Abbildung im Scherzer-Fokus
b) Probendrift
c) Astigmatismus
d) gekippte Beleuchtung

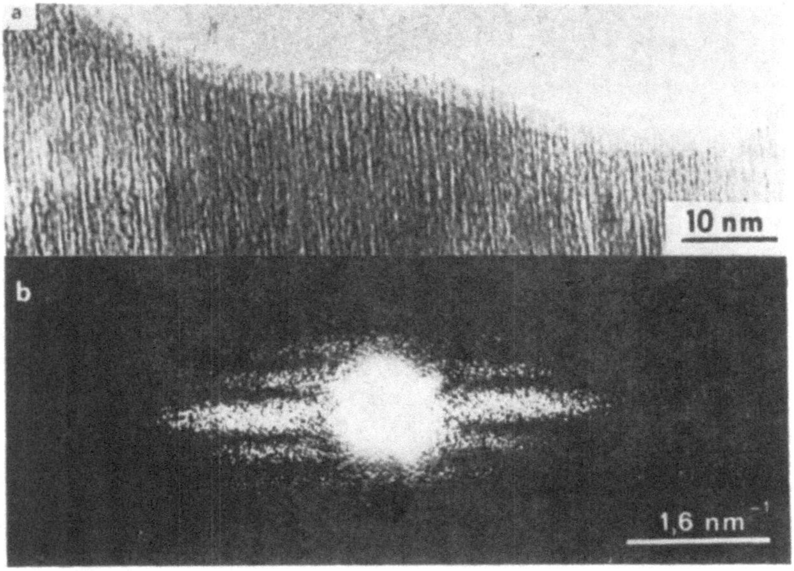

Abb. 48: HREM-Abbildung einer Na_2O–SiO_2-Glasfolie (ruckartige Probendrift während der Durchstrahlung)
a) experimentelle Abbildung
b) optisches Diffraktogramm

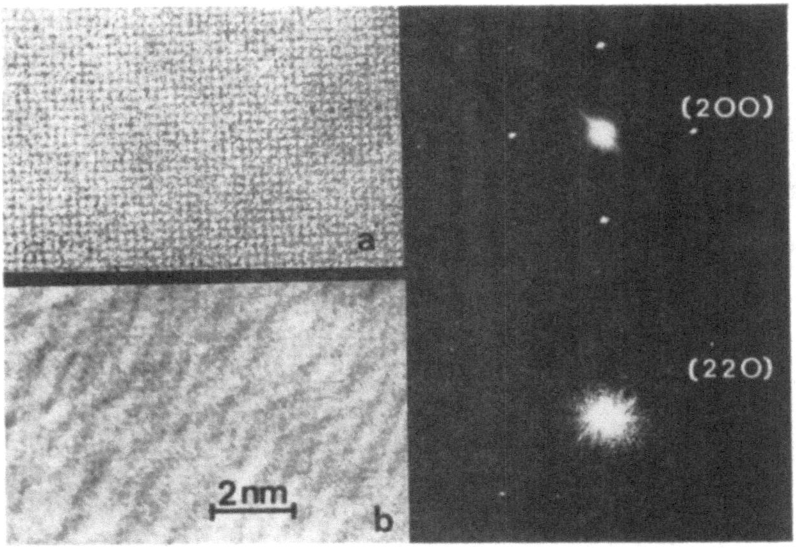

Abb. 49: Optische Beugungsbilder zur Interpretation von Netzebenenabbildungen
a) Au: (200)-Netzebenen, d = 0,204 nm
b) Cu: (220)-Netzebenen, d = 0,128 nm

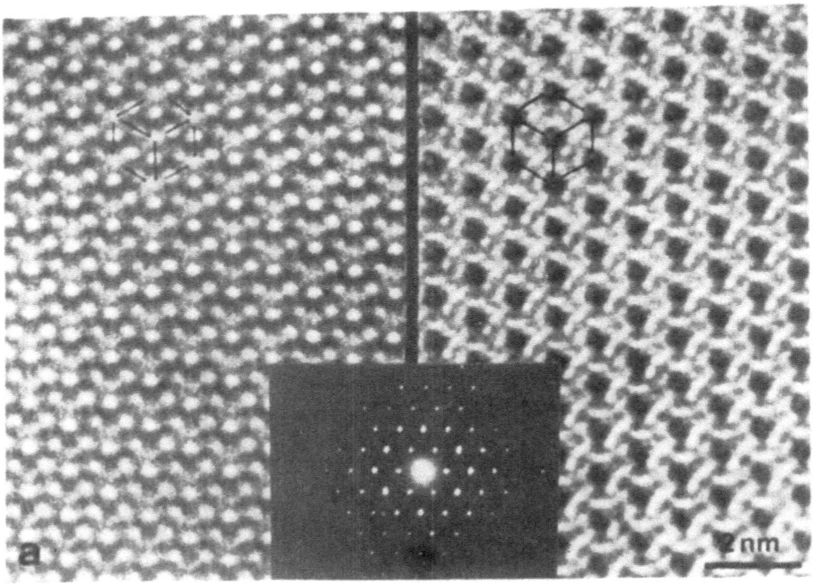

Abb. 50: Optische Beugung zur Strukturabbildung (61 Strahlfall) eines [111]-orientierten Y–Al-Granatkristalls

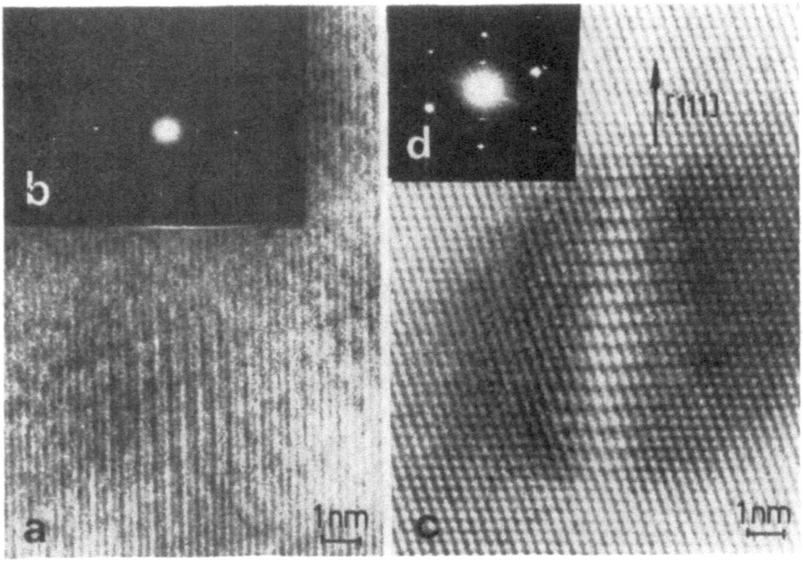

Abb. 51: Optische Auswertung von Netzebenen-Abbildungen gestörter Kristallbereiche. a, b) Gunier-Preston-Zonen in AlMgZn; c, d) kohärente Ausscheidung in Cu-dotiertem CdTe

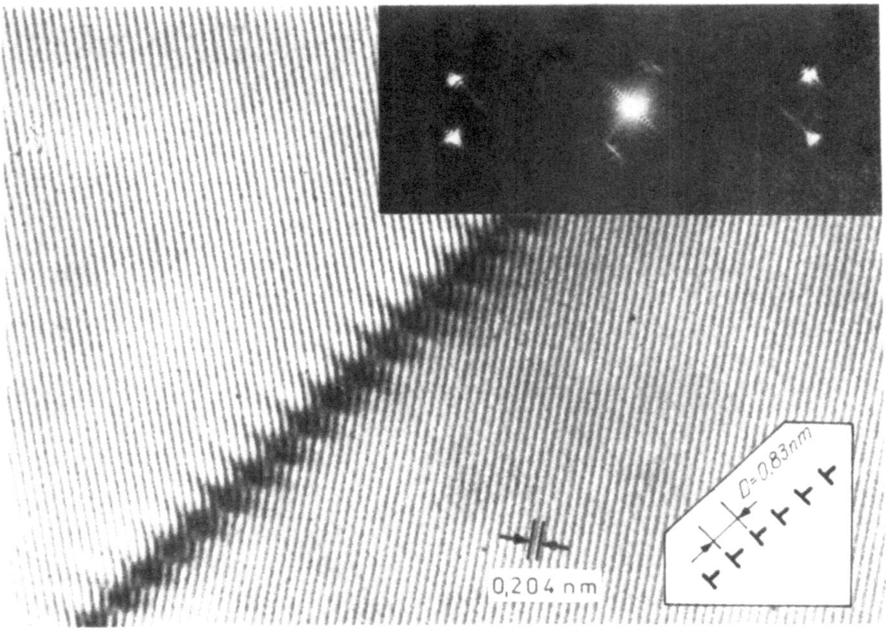

Abb. 52: (200)-Netzebenenabbildung einer 20° [001]-Kippkorngrenze in Gold. ([110]-Korngrenzen-Neigung)

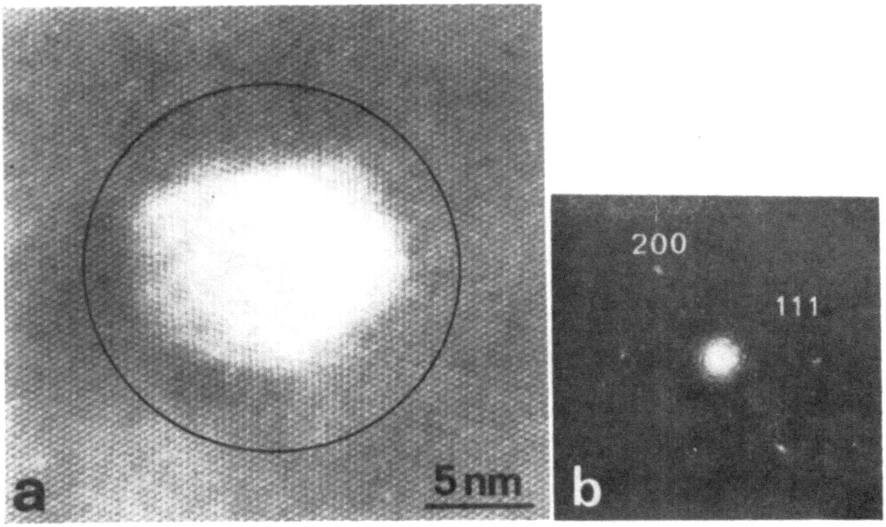

Abb. 53: Hochauflösungsabbildung von strahlengeschädigtem Silicium (a) und zugehöriges optisches Beugungsdiagramm (b)

11. Literatur

[1] Bethge, H., Heydenreich, J., Veröff. 10. Tag. Elektronenmikroskopie, Leipzig, Bd. 1, S. 14

[2] Nixon, W. C. et al., Some Aspects of the Engineering Design and Construction of the Cambridge University 600 kV High Resolution Electron Microscope. In: Developments in Electron Microscopy and Analysis, ed.: Misell, D. L., Institute of Physics, Bristol and London 1977, p. 13

[3] Smith, D. J. et al., Ultramicroscopy **9** (1982) 203

[4] Hashimoto, H. et al., Proc. 7th Int. Conf. on High Voltage Electron Microscopy, Berkeley 1983, p. 15

[5] Watanabe, H. et al., Proc. 7th Int. Conf. on High Voltage Electron Microscopy, Berkeley 1983, p. 5

[6] Yagi, K. et al., Proc. 10th Int. Congr. Electron Microscopy, Hamburg 1982, Vol. 1, p. 395

[7] Ishikawa, I. et al., Proc. 10th Int. Congr. Electron Microscopy, Hamburg 1982, Vol. 1, p. 335

[8] Smith, D. J. et al., J. Microsc. **130** (1983) 127

[9] Crewe, A. V. et al., J. Appl. Phys. **39** (1968) 5861

[10] Crewe, A. V., Wall, J., J. Mol. Biol. **48** (1970) 375

[11] Crewe, A. V., Chem. Scr. **14** (1978/79) 17

[12] Bethge, H., Heydenreich, J., Proc. 8th Europ. Congr. on Electron Microscopy, Budapest 1984, in press

[13] Buerger, M. J., Contemporary Crystallography, McGraw Hill Book Comp., New York 1970

[14] Papers of the Workshop "Surface Imaging and Analysis with High Spatial Resolution", Ultramicroscopy **11** (1983) 91

[15] Takayanagi, K. et al., Proc. 7th Int. Conf. on High Voltage Electron Microscopy, Berkeley 1983, p. 47

[16] Smith, D. J., Marks, D. L., Proc. 7th Int. Conf. on High Voltage Electron Microscopy, Berkeley 1983, p. 53

[17] Cowley, J. M., Diffraction Physics, North Holland Publ. Comp., Amsterdam 1981, 2nd Edition

[18] Spence, J. C. H., Experimental High-Resolution Electron Microscopy, Clarendon, Oxford 1981

[19] Thomas, G., Goringe, M. J., Transmission Electron Microscopy of Materials, Wiley & Sons, New York 1979

[20] Bethge, H., Heydenreich, J. (Hrsg.), Elektronenmikroskopie in der Festkörperphysik, VEB DVW, Berlin 1982

[21] Smith, D. J., Cosslett, V. E., Stobbs, W. M., Interdisc. Sci. Revs. **6** (1981) 155

[22] Neumann, W., Pasemann, M., Heydenreich, J., in: Crystals, Growth, Properties and Applications, Springer Verl., Berlin 1982, Vol. 7, p. 1

[23] Pennycook, S., Contemp. Phys. **23** (1982) 371

[24] Cowley, J. M., Ultramicroscopy **8** (1982) 1

[25] Heydenreich, J., Hochauflösende Elektronenmikroskopie in der Werkstoffforschung, Sitzungsber. AdW d. DDR 19/N/1982

[26] Smith, D. J., Helv. Phys. Acta **56** (1983) 463

[27] Direct Imaging of Atoms in Crystals and Molecules (Proc. 47th Nobel Symp.) ed.: Kihlborg, L., Stockholm 1979

[28] Proc. High-Resolution Electron Microscopy Applied to Chemical Problems, New York 1981, Ultramicroscopy **8** (1982) 1

[29] J. Microsc. **129** (1983), **130** (1983)

[30] Hirsch, P. B., Horne, R. W., Whelan, M. J., Phil. Mag. **1** (1956) 677

[31] Bollmann, W., Phys. Rev. **103** (1956) 1588

[32] Hirsch, P. B. et al., Electron Microscopy of Thin Crystals, Butterworth & Co., London 1965

[33] Diffraction and Imaging Techniques in Materials Science, eds.: Amelinckx, S., Gevers, R., Landuyt, J. van, North Holland Publ. Comp., Amsterdam 1978

[34] Born, M., Wolf, E., Principles of Optics, Pergamon Press, London 1965

[35] Menzel, E., Mirandé, M., Weingärtner, I., Fourieroptik und Holographie, Springer Verl., Wien 1973

[36] Image Processing and Computer Aided Design in Electron Optics, ed.: Hawkes, P. W., Academic Press, London 1973

[37] Computer Processing of Electron Microscope Images, ed.: Hawkes, P. W., Springer Verl., Berlin 1980

[38] Reimer, L., Z. Naturforsch. **24a** (1969) 377

[39] Lenz, F., Transfer of Image Formation in the Electron Microscope. In: Electron Microscopy in Materials Science, ed.: Valdré, U., Academic Press, New York 1971, p. 540

[40] Hanßen, K.-J., The Optical Transfer Theory of the Electron Microscope: Fundamental Principles and Applications. In: Advances in Optical and Electron Microscopy, eds.: Barer, R., Cosslett, V. E., Academic Press, London 1971, Vol. 4, p. 1

[41] Erickson, H. P., The Fourier Transform of an Electron Micrograph – First and Second Order Theory of Image Formation. In: Advances in Optical and Electron Microscopy, eds.: Barer, R., Cosslett, V. E., Academic Press, London 1973, Vol. 5, p. 163

[42] Misell, D. L., Adv. Electron. Phys. **32** (1973) 63

[43] Rose, H., Ultramicroscopy **2** (1977) 251

[44] Fertig, J., Rose, H., Optik **54** (1979) 165

[45] Kirkland, E. J. et al., Ultramicroscopy **5** (1980) 479

[46] Saxton, W. O., Computer Techniques for Image Processing in Electron Microscopy, Academic Press, New York 1978

[47] Lenz, F., Veröff. 10. Tag. Elektronenmikroskopie, Leipzig 1981, Bd. 2, S. 207

[48] Hillebrand, R., Neumann, W., Heydenreich, J., Ultramicroscopy **4** (1979) 305

[49] Lenz, F., Z. Naturforsch. **9a** (1954) 185

[50] Reimer, L., Gilde, H., Scattering Theory and Image Formation in the Electron Microscope. In: Image Processing and Computer Aided Design in Electron Optics, ed.: Hawkes, P. W., Academic Press, London 1973, p. 138

[51] Misell, D. L., Burge, R. E., Limitations of Image Formation due to Inelastic Electron Scattering, ibid., p. 168

[52] Burge, R. E., J. Microsc. **98** (1973) 251

[53] Howie, A., J. Microsc. **129** (1983) 239

[54] Cowley, J. M., Moodie, A. F., Acta Cryst. **10** (1957) 609

[55] Misell, D. L., Image Analysis, Enhancement and Interpretation. In: Practical Methods in Electron Microscopy, ed.: Glauert, A. M., North Holland Publ. Comp., Amsterdam 1978, Vol. 7

[56] Hanßen, K.-J., Ade, G., Optik **42** (1975) 1

[57] Misell, D. L., J. Phys. **D9** (1976) 1249

[58] Grinton, G. R., Cowley, J. M., Optik **34** (1971) 221

[59] Scherzer, O., J. Appl. Phys. **20** (1949) 20

[60] Humphreys, C. J., Spence, J. C. H., Optik **58** (1981) 125

[61] Rose, A., Adv. Electr. **1** (1948) 131

[62] Scherzer, O., Ber. Bunsenges. Phys. Chem. **74** (1970) 1154

[63] Isaacson, M. S., Specimen Damage in the Electron Microscope. In: Principles and Techniques of Electron Microscopy, ed.: Hayat, M. A., van Nostrand Reinhold, New York 1977, Vol. 7, p. 1

[64] Scherzer, O., Radiation Damage: The Theoretical Background. In: Unconventional Electron Microscopy for Molecular Structure Determination (Advances in Structure Research by Diffraction Methods), eds.: Hoppe, W., Mason, R., Vieweg, Braunschweig 1979, Vol. 7, p. 101

[65] Boudet, A., Kubin, L. P., Ultramicroscopy **8** (1982) 409

[66] Cosslett, V. E., J. Microsc. **113** (1978) 113

[67] Kuo, I. A. M., Glaeser, R. M., Ultramicroscopy **1** (1975) 53

[68] Unwin, P. N. T., Henderson, R., J. Mol. Biol. **52** (1970) 121

[69] Frank, J., Ultramicroscopy **1** (1975) 159

[70] Frank, J., Al-Ali, L., Nature **256** (1975) 376

[71] Saxton, W. O., Frank, J., Ultramicroscopy **2** (1977) 219

[72] Herrmann, K.-H., Krahl, D., Rust, H.-P., Ultramicroscopy **2** (1978) 227

[73] Roberts, P. T. E. et al., Ultramicroscopy **8** (1982) 385

[74] Yokota, Y. et al., Ultramicroscopy **6** (1981) 313

[75] Cowley, J. M., Moodie, A. F., Proc. Phys. Soc. **76** (1960) 378

[76] Uyeda, N., Ishizuka, K., J. Electr. Micr. **23** (1974) 79

[77] Cowley, J. M., Acta Cryst. **12** (1959) 367

[78] Goodman, J. M., Moodie, A. F., Acta Cryst. **A30** (1974) 280

[79] Dyck, D. van, J. Microsc. **132** (1983) 31

[80] Self, P. G. et al., Ultramicroscopy **11** (1983) 35

[81] Bethe, H., Ann. Phys. (Leipzig) **87** (1928) 55

[82] Laue, M. von, Materiewellen und ihre Interferenzen, Akadem. Verlagsgesellschaft Geest & Portig, Leipzig 1944

[83] Kambe, K., Moliere, K., Dynamical Theory of Electron Diffraction. In: Advances in Structure Research by Diffraction Methods, eds.: Brill, R., Mason, R., Vieweg & Sohn, Braunschweig 1970, Vol. 3, p. 53

[84] Metherell, A. J. F., Diffraction of Electrons by Perfect Crystals. In: Electron Microscopy and Materials Science, Third Course Int. School Electr. Micr., eds.: Valdré, U., Ruedl, E., Ettore Majorana Int. Centre, 1975, Vol. 2, p. 327

[85] Head, A. K. et al., Computed Electron Micrographs and Defect Identification, North Holland Publ. Comp., Amsterdam 1973

[86] Skalicky, P., Phys. Stat. Sol. (a) **20** (1973) 11

[87] Lepski, D., Krist. Tech. **9** (1975) 905

[88] Sturkey, L., Proc. Phys. Soc. **80** (1962) 321

[89] Fujiwara, K., J. Phys. Soc. Jap. **14** (1959) 1513

[90] Tournarie, M., J. Phys. Soc. Jap. **17** (1962) 98

[91] Carl, S., Unveröffentlichter Forschungsbericht, IFE Halle 1978 (siehe auch [48])

[92] Tanaka, M., Jouffrey, B., Acta Cryst. **A40** (1984) 143

[93] Hanßen, K.-J., Trepte, L., Optik **33** (1971) 182

[94] Frank, J., Optik **38** (1973) 519

[95] Fejes, P. L., Acta Cryst. **A33** (1977) 109

[96] Yoshioka, H., J. Phys. Soc. Jap. **12** (1957) 618

[97] Radi, G., Z. Phys. **212** (1968) 146; **213** (1968) 244

[98] Howie, A., Proc. Roy. Soc. **A 271** (1963) 268

[99] Wilkens, M., Katerbau, K.-H., Ruehle, M., Z. Naturforsch. **28a** (1973) 681

[100] Wilkinson, J. H., Reinsch, C., Linear Algebra, Handbook for Automatic Computation, Springer-Verlag, Berlin 1971, Vol. 2

[101] Collela, R., Acta Cryst. **A28** (1972) 11, **A30** (1974) 413

[102] Lamla, E., Ann. Phys. **32** (1938) 178, 225

[103] Ichimiya, A., J. Appl. Phys. Jap. **22** (1983) 176

[104] Howie, A., Whelan, M. J., Proc. Roy. Soc. **A 263** (1961) 217, **A 267** (1962) 267

[105] Wilkens, M., Phys. Stat. Sol. **5** (1964) 175, **6** (1964) 939, **13** (1966) 529

[106] Ralston, A., Wilf, H. S., Mathematische Methoden für Digitalrechner, R. Oldenbourg, München 1972, Bd. 1

[107] Scheerschmidt, K., Heydenreich, J., Phys. Stat. Sol. (a) **42** (1977) 47

[108] Lepski, D., Phys. Stat. Sol. (a) **23** (1974) 543

[109] Scheerschmidt, K., Hillebrand, R., Proc. 11th Hung. Diffr. Conf., Györ 1982, p. 126

[110] Anstis, G. R., Cockayne, D. J. H., Acta Cryst. **A35** (1979) 511

[111] Ishizuka, K., Uyeda, N., Acta Cryst. **A33** (1977) 740

[112] Hillebrand, R., Neumann, W., Abstr. 11. Allunionskonf. Elektron. Mikroskopie, Tallin 1979, Bd. 3, S. 76 (Russ.)

[113] Hillebrand, R., Veröff. 10. Tag. Elektronenmikroskopie, Leipzig 1981, Bd. 2, S. 266

[114] Skarnulis, A. J., PhD-Thesis, Arizona State Univ. 1975

[115] Skarnulis, A. J. et al., J. Sol. State Chem. **23** (1978) 59

[116] Zakharov, N. D. et al., Phys. Stat. Sol. (a) **55** (1979) 573

[117] Scheerschmidt, K., Dissertation, Halle 1975

[118] Tanaka, M., Acta Cryst. **A31** (1975) 59

[119] Snykers, M. et al., Phys. Stat. Sol. (a) **41** (1977) 51

[120] Hillebrand, R., Scheerschmidt, K., Neumann, W., Proc. 8th Europ. Congr. Electron Microscopy, Budapest 1984, in press

[121] Smith, D. J., O'Keefe, M. A., Acta Cryst. **A39** (1983) 139

[122] Hillebrand, R., Scheerschmidt, K., Veröff. 11. Tag. Elektronenmikroskopie, Dresden 1984, im Druck

[123] Hillebrand, R. et al., Cryst. Res. Technol. **18** (1984) 249

[124] Werner, P. et al., Proc. 10th Int. Congr. Electron Microscopy, Hamburg 1982, Vol. 2, p. 31

[125] Scheerschmidt, K., Proc. 11th Int. Congr. Crystallogr., Warszawa 1978, p. 262

[126] Fields, P. M., Cowley, J. M., Acta Cryst. **A34** (1978) 103

[127] Zakharov, N. D. et. al., Phys. Stat. Sol. (a) **71** (1982) 275

[128] Izui, K. et al., Chem. Scr. **14** (1979) 99

[129] Tan, T. Y. et al., Appl. Phys. Lett. **37** (1980) 1102

[130] Klug, A., Chem. Scr. **14** (1978/79) 245

[131] Hoppe, W., Hegerl, R., Three-dimensional Structure Determination by Electron Microscopy, in: [37], p. 127

[132] Gordon, R., Herman, G. T., Int. Rev. Cytol. **38** (1974) 3

[133] Image Reconstruction from Projections, in: Topics in Applied Physics, ed.: Herman, G. T., Springer-Verlag, Berlin/Heidelberg/New York 1979, Vol. 32

[134] Andrews, H. C., Computer Techniques in Image Processing, Academic Press, London/New York 1970

[135] Frank, J., Computer Processing of Electron Micrographs, in: Advanced Techniques in Biological Electron Microscopy, ed.: Koehler, J. K., Springer-Verlag, Berlin/Heidelberg/New York 1973, p. 215

[136] Schiske, P., Image Processing Using Additional Statistical Information about the Object, in: Image Processing and Computer Aided Design in Electron Optics, ed.: Hawkes, P. W., Academic Press, London/New York 1973, p. 82

[137] Erickson, H. P., Klug, A., Ber. Bunsenges. Phys. Chem. **74** (1978) 1129

[138] Welton, T. A., Proc. 27th Annual Meeting EMSA, St. Paul 1969, p. 182

[139] Hoppe, W., Phil. Trans. Roy. Soc. London **B261** (1971) 71

[140] Kirkland, E. J., Siegel, B. M., Ultramicroscopy **6** (1981) 169

[141] Frank, J., The Role of Correlation Techniques in Computer Image Processing, in: [37], p. 187

[142] Häußler, D., Dissertation, Halle 1982

[143] Smith, P. R., Ultramicroscopy **3** (1978) 153

[144] Saxton, W. O., Pitt, T. J., Horner, M., Ultramicroscopy **4** (1979) 343

[145] Frank, J., Shimkin, B., Dowse, H., Ultramicroscopy **6** (1981) 343

[146] Kirkland, E. J., Ultramicroscopy **8** (1982) 271

[147] Heel, M. van, Keegstra, M., Ultramicroscopy **7** (1981) 113

[148] Wade, R. H., Brisson, A., Tranqui, L., J. Microsc. Spectrosc. Electron. **5** (1980) 699

[149] Kawata, S., Ichioka, Y., Suzuki, T., J. Phys. E. **11** (1978) 1191

[150] Trus, B. L., Steven, A. C., Ultramicroscopy **6** (1981) 383

[151] Hegerl, R., Proc. 7th Intern. Confer. on Electron Microscopy, The Hague 1980, Vol. 2, p. 700

[152] Saxton, W. O., Comput. Graph. Image Processing **3** (1974) 266

[153] Kempe, V. et al., Neue Technik im Büro **26** (1982) 131

[154] Schulze, W., Rebel, B., Bild – Ton **36** (1983) 229

[155] Saedler, J., Vilser, R.-J., Neue Technik im Büro **27** (1983) 65

[156] Rust, H.-P., Krahl, D., Ultramicroscopy **8** (1982) 287

[157] Kerzendorf, W., Hoppe, W., Proc. 7th Europ. Congr. on Electron Microscopy, The Hague 1980, Vol. 1, p. 510

[158] Jenkins, D. G. et al., Electron Letters **14** (1978) 174

[159] Saxton, W. O., Smith, D. J., Erasmus, S. J., J. Microsc. **130** (1983) 187

[160] Lugt, A. van der, Opt. Acta **15** (1968) 1

[161] Nesterikhin, Yu. E., Stroke, G. W., Kock, W. E., Optical Information Processing, Plenum Press, New York 1976

[162] Stroke, G. W. et al., Proc. IEEE **65** (1977) 169

[163] Optical Data Processing, in: Topics in Applied Physics, ed.: Casasent, D., Springer-Verlag, Berlin/Heidelberg/New York 1978, Vol. 23
[164] Burge, R. E., Dainty, J. G., Scott, R. F., Ultramicroscopy **2** (1977) 169
[165] Wade, R., Holographie Methods in Electron Microscopy, in: [37], p. 223
[166] Hanßen, K.-J., Anwendungen und Grenzen der elektronenmikroskopischen Holographie, unter besonderer Berücksichtigung der Rauscheinflüsse, die von Objektträgerfolie und Hologrammplatte ausgehen, 1982, PTB-Bericht-APh-17
[167] Hanßen, K.-J., Lauer, R., Ade, G., Recent Investigations in Electron Holography and Electron Transfer Theory, 1983, PTB-Bericht-APh-20
[168] Komrska, J., Opt. Acta **30** (1983) 887
[169] Neumann, W., Hillebrand, R., Veröff. 10. Tag. Elektronenmikroskopie, Leipzig 1981, Bd. 2, S. 268
[170] Lipson, H., Optical Transforms, Academic Press, London/New York 1972
[171] Beeston, B. E. P., Horne, R. W., Markham, R., Electron Diffraction and Optical Diffraction Techniques, in: Practical Methods in Electron Microscopy, ed.: Glauert, A. M., North-Holland Publ. Comp., Amsterdam 1972, Vol. 1
[172] Pincus, H. J., Optical Diffraction Analysis in Microscopy, in: Advances in Optical and Electrical Microscopy, eds.: Cosslett, V. E., Barer, R., Academic Press, London/New York/San Francisco 1978, Vol. 7, p. 17
[173] Kosourov, G. J., Lifshitz, J. E., Kiselev, N. A., Kristallografija **16** (1971) 813
[174] Salmon, E. D., Rosier, P. de, J. Microsc. **123** (1981) 239
[175] Johansen, B. V., Micron **3** (1972) 256
[176] Thon, F., Z. Naturforsch. **20a** (1965) 154
[177] Reimer, L. et al., Laserbeugung an elektronenmikroskopischen Aufnahmen, Westdeutscher Verlag, Opladen 1973
[178] Krivanek, O. L., Optik **45** (1976) 97
[179] Kuzaya, M., Hibino, M., J. Electron Microsc. **30** (1981) 114
[180] Hopfe, J., Dissertation, Halle 1984
[181] Pasemann, M., Turmezey, T., Mat. Sci. Eng. **48** (1981) 267
[182] Pasemann, M., Lilienthal, Z., J. Microsc. Spectrosc. Electron. **6** (1981) 123
[183] Scholz, R., Bethge, H., Proc. 7th Europ. Congr. Electron Microscopy, The Hague 1980, Vol. 1, p. 238
[184] Werner, P., Pasemann, M., Ultramicroscopy **7** (1982) 267
[185] Menter, J. W., Proc. Roy. Soc. London **A 236** (1956) 119
[186] Allpress, J. G., Sanders, J. V., Wadsley, D. W., Acta Cryst. **B25** (1969) 1156
[187] Iijima, S., J. Appl. Phys. **42** (1971) 5891

12. Sachregister

13. Zusammenfassung

Die Hochauflösungs-Elektronenmikroskopie (HREM) – high resolution electron microscopy – ist wegen ihrer Möglichkeiten der direkten Abbildung struktureller Details im atomaren Bereich bis hin zur Abbildung von Einzelatomen eine wichtige festkörperanalytische Untersuchungsmethode. Zur korrekten Interpretation experimenteller HREM-Abbildungen ist die Anwendung von Verfahren der Bildmodellierung und der Bildauswertung erforderlich.

Die Bildmodellierung, d. h. vor allem die Computersimulation von Halbtonbildern, besteht in der Berechnung des Wechselwirkungsprozesses Elektronenstrahl–Probe mit anschließender Berücksichtigung des elektronenoptischen Abbildungsvorganges. Dabei beruht die Berechnung des Wechselwirkungsprozesses auf der kinematischen bzw. dynamischen Theorie der Elektroneninterferenzen (Dispersionsflächen-Gleichung der Elektronenbeugung, Differentialgleichungen des Beugungskontrastes oder „multi-slice" Formulierung). Die numerische Behandlung des Abbildungsvorganges geschieht durch Anwendung des Fourierformalismus, wobei die Abbildungseigenschaften des Elektronenmikroskops durch geeignete Kontrastübertragungsfunktionen berücksichtigt werden. Die Anwendung der Bildmodellierung zur Interpretation des HREM-Bildmaterials erfolgt im allgemeinen in Form der sukzessiven Annäherung experimenteller Aufnahmen durch berechnete Halbtonbilder („image matching-technique").

Die Bildauswertung besteht in der Aufbereitung der Information vorliegender experimenteller HREM-Aufnahmen durch optische Verfahren bzw. durch Digitalisierung der Bilder zur anschließenden numerischen Weiterverarbeitung. Die digitale Bildverarbeitung ermöglicht z. B. Kontrastverbesserung, Intensitätsakkumulation und digitale Filterung zur Hervorhebung der im Bild enthaltenen Objektinformation und zur Verbesserung der Detailerkennbarkeit. Die Bildauswertung mit einem optischen Diffraktometer erlaubt die Untersuchung von Kontrastübertragung und Bildfehlern sowie die Auswertung von Vielstrahlabbildungen realer Kristalle.

Anhand umfangreichen Bildmaterials werden die Möglichkeiten und der Einsatz der beschriebenen Verfahren zur praktischen Bildinterpretation in der Hochauflösungs-Elektronenmikroskopie aufgezeigt.

13. Summary

High-resolution electron microscopy (HREM) is an important method for solid state investigations because of its possibilities for the direct imaging of structural details on an atomic scale down to the resolution of single atoms. For the correct interpretation of experimental HREM-images the application of image modelling procedures as well as the image processing is necessary.

Image modelling, which first of all is the computer simulation of half-tone prints, consists in the calculation of the electron beam-specimen interaction and the following consideration of the electron optical imaging process itself. The calculation of the interaction process is based on the kinematical or the dynamical theory of electron interference, respectively (dispersion surface equations of electron diffraction, differential equations of the diffraction contrast, or "multi-slice" formulation). The numerical treatment of the imaging process is realized by applying the Fourier formalism, where the imaging properties of the electron microscope are included by appropriate contrast transfer functions. Image modelling for interpreting HREM-results is applied in most cases in terms of a successive approximation of experimental images by calculated half-tone prints (image matching technique).

The aim of the image processing is the detection and extraction of the information from given experimental HREM-images by optical methods or by digitizing the images for the following numerical treatment. Digital image processing allows, for instance, contrast improvement, intensity accumulation and digital filtering to yield object information, contained in the image, as well as to enhance the detectability of details. Image processing by an optical diffractometer is applied to investigate contrast transfer and imaging errors, but it is also suitable for the interpretation of many-beam images of real crystals.

The possibilities and the applications of the described methods to the practical image interpretation in high-resolution electron microscopy are pointed out by a representative choice of examples.

Резюме

Высокоразрешающая электронная микроскопия (HREM — High resolution electron microscopy) является перспективным методом исследования в физике твердого тела благодаря ее возможности прямого разрешения структурных деталей на атомном уровне вплоть до разрешения отдельных атомов. Однако для правильной интерпретации экспериментальных электронномикроскопических изображений необходимо использование методов моделирования и обработки изображений.

Моделирование электронномикроскопических изображений, прежде всего ЭВМ моделирование, заключается в расчете взаимодействия электронного пучка с образцом с последующим учетом электронооптических параметров микроскопа. При этом расчет основан на кинематической либо динамической теории дифракции электронов [уравнение дисперсионной поверхности для дифракции электронов, дифференциальные уравнения дифракционного контраста или многослоевой метод]. Численный метод расчета основан на использовании аппарата преобразования Фурье, влияние электронного микроскопа учитывается с помощью передаточной функции микроскопа. Обычно целью моделирования изображений является получение расчетного изображения, которое бы наилучшим образом соответствовало экспериментальному („image matching-technique").

Обработка изображений состоит в извлечении информации в объекте непосредственно из экспериментальных изображений с помощью оптических методов, либо с помощью денситоммтрирования с последующей численной обработкой.

Метод численной фильтрации при обработке изображений на ЭВМ позволяет повысить отношение сигнал/шум для извлечения информации об объекте, содержащейся на изображении и для улучшения степени различимости деталей на нем. Использование оптического дифрактометра позволяет исследовать передачу контраста, выявить дефекты на изображении, а также обработать многолучевые изображения реальных кристаллов. На основе богатого иллюстративного материала показано, как применяются указанные методы при анализе конкретных экспериментальных электронномикроскопических изображений высокого разрешения.

Bisher erschienen

BAND 1 G. O. MÜLLER
Stand und Trends der Experimentalmethodik in der Festkörperphysik
1975. XII. 68 S. — 16 Abb. — M 12,50. Bestell-Nr. 762 002 0 (2167/1) (vergriffen).

BAND 2 W. SCHULZE
Wissenschaftliche Forschung und elektronische Rechentechnik
1975. XII. 140 S. — 7 Abb. — 6 Tab. — M 15.—. Bestell-Nr. 762 003 9 (2167/2).

BAND 3 G. ETZOLD
Aufgaben und Organisation eines methodischen Zentrums in der molekularbiologischen Forschung
1976. IX. 53 S. — 2 Abb. — M 6.—. Bestell-Nr. 762 004 7 (2167/3).

BAND 4 G. HÄRTLER
Versuchsplanung und statistische Datenanalyse
1976. XIII. 103 S. — 6 Abb. — 3 Tab. — M 12,—. Bestell-Nr. 762 296 6 (2167/4) (vergriffen)

BAND 5 W. MEILING
Mikroprozessor — Mikrorechner. Funktion und Anwendung (2. Auflage)
1979. XIV. 215 S. — 46 Abb. — 15 Tab. — M 21,—. Bestell-Nr. 762 639 3 (2167/5) (vergriffen).

BAND 6 M. BONITZ
Wissenschaftliche Forschung und wissenschaftliche Information (2. Auflage)
1981. XII. 199 S. — 32 Abb. — 6 Tab. — M 21,—. Bestell-Nr. 762 763 6 (2167/6) (vergriffen).

BAND 7 B. PEGEL
Empirische Modellbildung und Versuchsplanung
1980. X. 75 S. — 5 Abb. — M 9,50. Bestell-Nr. 762 794 3 (2167/7) (vergriffen).

BAND 8 R. A. POSE
Rechnergestützte Bildverarbeitung — Erkenntnisse und Erfahrungen aus der Hochenergiephysik
1981. XVII. 227 S. — 94 Abb. — M 30,—. Bestell-Nr. 762 973 8 (2167/8).

BAND 9 Forschungstechnologie
Aufgaben — Probleme — Aktivitäten
Vorträge auf dem Kolloquium anläßlich des 65. Geburtstages von Helmuth Faulstich
1983. VII. 200 S. — 41 Abb., dav. 9 auf 8 Kunstdrucktaf. — M 28,— Bestell-Nr. 763 047 2 (2167/9)

Bisher erschienen

SONDERBAND 1

Forschen und Nutzen

Wilhelm Ostwald zur wissenschaftlichen Arbeit
Aus seinen Schriften ausgewählt, bearbeitet und zusammengestellt anläßlich seines 125. Geburtstages von
GÜNTHER LOTZ, LOTHAR DUNSCH, UTA KRING
unter Mitarbeit von BRIGITTE MILLIK
Mit einem Geleitwort von PETER ADOLF THIESSEN und einer Einleitung von GÜNTHER LOTZ und LOTHAR DUNSCH
(2., überarbeitete und erweiterte Auflage)

1982. L. 372 S. — 22 Textillustrationen aus den Originalschriften, 57 Abb., davon 12 mehrfarbige, auf 49 Kunstdrucktafeln — Leinen. 48.—. Bestell-Nr. 763 049 9 (2167/S1).

SONDERBAND 2

RAINER FRANKE
Optimierungsmethoden in der Wirkstofforschung — Quantitative Struktur-Wirkungs-Analyse

1980. XVI. 454 S. — 25 Abb. — 59 Tab. — M 45,—. Bestell-Nr. 762 793 5 (2167/S2) (vergriffen).

SONDERBAND 3

P. L. KAPICA
Experiment — Theorie — Praxis
Aufsätze und Reden
Übersetzung aus dem Russischen
Bearbeitet und herausgegeben von
GÜNTHER LOTZ †, DIETRICH SCHULZE, WOLFGANG WÄCHTER, CHRISTA WINTERSTEIN

1984. XIX, 435 S. — 37 Abb., dav. 13 auf 4 Taf. — 1 Frontispiz — 2 Tabellen — M 54,— Bestell-Nr. 763 276 9 (2167/S3).

FSC
www.fsc.org
MIX
Papier | Fördert gute Waldnutzung
FSC® C083411

Kolibri 360 GmbH
Ferdinand-Jühlke-Straße 7
99095 Erfurt, Deutschland
produktsicherheit@kolibri360.de